全民经典阅读

自然的力量

——探索仿生学的奥秘

文旭先 ◎主编

U0302397

成都地图出版社
CHENGDU DITU CHUBANSHE

图书在版编目（CIP）数据

自然的力量：探索仿生学的奥秘 / 文旭先主编 .

成都 : 成都地图出版社有限公司 , 2024. 8. -- ISBN

978-7-5557-2582-4

Ⅰ. Q811

中国国家版本馆 CIP 数据核字第 2024FT4667 号

自然的力量——探索仿生学的奥秘

ZIRAN DE LILIANG——TANSUO FANGSHENGXUE DE AOMI

主　　编：文旭先

责任编辑：陈　红

封面设计：李　超

出版发行：成都地图出版社有限公司

地　　址：四川省成都市龙泉驿区建设路 2 号

邮政编码：610100

印　　刷：三河市人民印务有限公司

（如发现印装质量问题，影响阅读，请与印刷厂商联系调换）

开　　本：710mm×1000mm　1/16

印　　张：10　　　　　　字　　数：140 千字

版　　次：2024 年 8 月第 1 版

印　　次：2024 年 8 月第 1 次印刷

书　　号：ISBN 978-7-5557-2582-4

定　　价：49.80 元

版权所有，翻印必究

仿生学是一门生物学与工程科学之间的交叉学科，把研究生物得出的原理，应用于设计新型工程系统和改进现有的工程技术。

自古以来，自然界就是人类各种技术思想、工程原理及重大发明的源泉。经过亿万年的优胜劣汰的进化过程，种类繁多的生物具备了适应环境变化的能力，从而得以生存和发展，也因此造就了它们千奇百怪的形态和功能。在这方面，作为"万物之灵"的人类处于劣势，但人类拥有其他生物望尘莫及的智慧。为了弥补自身的不足，聪明的人类开始向这些生物学习。见鱼儿在水中有自由来去的本领，人们就模仿鱼类的形体造船，以木桨模仿鱼类的鳍。见鸟儿展翅翱翔于空中，人们就研究鸟的身体结构并认真观察鸟类的飞行，开始人造飞行器的研制和试验。人们模仿海豚皮肤的沟槽结构，把人工海豚皮包敷在舰船的外壳上，以减少航行阻力，提高航行速度；模仿蚕吐丝的过程，人工制取纤维；研究和提取昆虫性信息素，人为释放性信息素，诱捕农业害虫。

随着相关学科的深入发展，仿生学也得到了进一步发展，人类的仿生技术进入了一个突飞猛进的时代。例如，人工基因重组、转基因技术是自然重组、基因转移的模仿；天然药物分子、生物高分子的人工合成是分子水平的仿生；人工神经元、神经网络是细胞系统水平的仿生。可以说，人类的仿生技术已经达到了一定高度，其研究成果也大量应用于生产生活以及科研等多个领域。但是，由于生物系统的复杂性，弄清某种生物系统的机制需要相当长的研究周期，而且解决实际问题还需要多学科长时间的密切协作，所以人类的仿生之路还很漫长。

CONTENTS 目录

化学仿生

3

建筑仿生

能量、动力与电子仿生

机械仿生

CHAPTER 1

生物的神奇功能

人类虽然处在生物进化的最顶端，有着其他生物无可比拟的智力。但在很多方面，人类相比其他生物又远远不如。比如，在视力、听觉、嗅觉以及方向定位等方面，低等生物要比人类优越、先进得多。这些神奇的功能是生物在漫长的历史进化过程中适应环境的结果。

神眼揽胜

一般认为，人眼是生物界最完美的眼睛，它能确定物体的深度、距离、相对形状和大小，以及一系列其他参量。其实，与形形色色的生物眼相比，人眼平平无奇。

有的动物看起来只有两只眼睛，实际上它们的眼睛多着呢！蜜蜂有 5 只眼睛，3 只长在头甲上（称为单眼），2 只长在头的两侧（称为复眼）。鲎（hòu）有 4 只眼睛，2 只小眼在头部前方，2 只复眼长在头部两侧。苍蝇有 5 只眼睛，3 只单眼长在头脊部，2 只复眼长在头部两侧。一般来说，昆虫类的眼睛大多是复眼，结构也大同小异。

你知道吗？

复 眼

复眼是甲壳类、昆虫类以及其他少数节肢动物的光感受器，一般只有一对，它由多数小眼组成。每个小眼都有角膜、色素细胞、视网膜细胞、视杆等结构，能感受物体的形状、大小，并可辨别颜色。复眼越大，小眼越多，视力越强，清晰度也越高。

◎ 捕捉瞬间变幻的蛙眼

与人类一样，青蛙主要通过眼睛获得关于周围世界的信息。它能迅速地发现运动目标，确定目标在某一时刻的位置、运动方向和速度，并且立刻选择最佳的攻击时间。

青蛙的眼睛为什么有这样的功能呢？研究者们发现，蛙眼有 4 类神经纤维，即 4 种检测器，每一类都执行特定的检测功能，只对运动目标的某一特征有反应，分别辨认、抽取视网膜图像的不同特征。

在青蛙的实际生活中，这4种检测器是同时工作的。每种检测器都把自己抽取的图像特征传送到蛙脑中的视觉

蛙 眼

中枢——视顶盖。在视顶盖上，神经细胞自上而下分成四层：第一层对运动目标的反差起反应，能把目标的暗前缘和反缘的特征抽取出来；第二层能把运动目标的凸边抽取出来；第三层只看见运动目标的四周边缘；第四层只看见运动目标的暗前缘的阴暗变化。每层里都产生图像的1种特征，4层里的特征叠加在一起，结果得到青蛙所看见的综合图像。这好比画人脸一样：先画出头的轮廓，再画眼、鼻、耳、嘴和头发，然后涂颜色等，使图像具有立体感。如果将这些步骤分开来做，每一步分别画在一张透明纸上，再把4张纸重叠在一起，即得到人脸的图像。

◎ 鲎的紫外眼睛

科学工作者在研究鲎——一种海洋节肢动物时，发现它的眼睛有一种宝贵的特质。鲎生活在亚洲东海岸、中美洲和北美洲及大西洋沿岸。在我国的东南沿海也有这种动物，叫作中国鲎。它们在浅海里游泳，在海底爬行，或埋没在泥沙里。它们的形态像蟹类，但却与蜘蛛和蝎子类似。在海洋中的首批鱼类出现之前，鲎就已经存在了。尽管漫长的岁月流逝，鲎在进化上的变化却不大，故有"活

鲎

化石"之称。

鲎有 4 只眼睛。脑前方有 2 只小眼，直径为 0.5 毫米左右，都有自己的晶状体和视网膜。它们对近紫外辐射最敏感，但在停止刺激后反应很快降为 0。因此，人们认为这种小眼是监视紫外线突然增多的感受器。

对鲎的行为影响最大的是它头部两侧的复眼。鲎的复眼很像昆虫的复眼，每只复眼由约 1000 个小眼组成。鲎眼的每个感光细胞都有自己的透镜，将投射其上的光聚焦，沿神经末梢通到这些感光细胞上，在这里，光能转变为产生脉冲的电化学能。脉冲沿轴传递到脑做最后的加工。

◎ 鸽子的眼定向

鸽子的眼睛被称为"神目"，能在人眼看不见的距离发现飞翔的老鹰。人们重复类似研究青蛙视觉系统的实验，发现鸽子的视网膜有 6 种神经节细胞（检测器），分别对刺激图形的某些特征产生特殊

鸽 子

的反应。

这6种检测器和相应抽取的图像特征是亮度、凸边、垂直边、边缘、方向运动和水平边。其中，方向运动检测器只对自上而下，而不对自下而上运动的任何刺激物体发生反应；水平边检测器对光点刺激不发生反应，却会对横过感受域的水平边向上或向下运动发生反应。

鸽眼还有个奇特的功能，就是它具有定向活动的特征，当它注视从东向西的飞行目标时，从西向东飞行的目标就不会引起它的反应。

◎ 能前瞻后视的变色龙

非洲有一种叫避役的爬行动物。它有变色的本领，所以人们又叫它变色龙。它的两只眼睛能够单独活动而互不牵制，当一只眼睛向上或向前看时，另一只眼睛却可以向下或向后看。这样，它既可以用一只眼睛注视猎物的动静，又可以用另一只眼睛去搜寻新的猎物。

你知道吗？

变色龙变色的原理

变色龙变色取决于它皮肤中的三层色素细胞。最深的一层由载黑素细胞构成，其中细胞带有的黑色素可与上一层细胞相互交融；中间层由鸟嘌呤细胞构成，它主要调控暗蓝色素；最外层细胞则主要是黄色素和红色素。色素细胞在神经的刺激下会使色素在各层之间交融变换，实现身体颜色的多种变化。

◎ 目光如电的螳螂

夏天，螳螂穿着"伪装服"，前足举在胸前，悄悄地隐蔽在树荫和草丛之中。一有小虫出现，它的前足猛然一击，将昆虫一举捕获。它动作非常迅速，整个过程只有 0.05 秒。螳螂这样的发现和瞄准系统，使人类创造的上吨重的跟踪系统也相形见绌。

螳　螂

◎ 功能奇特的各种眼睛

有一种形似鳄鱼的爬行动物叫鳄蜥，它除了在头部的两侧有一对眼睛外，在头部中央还生有一只"颅顶眼"。鳄蜥少壮时，这只眼睛能准确地观察外界事物，一旦年老，其功能便逐渐退化，失去作用。鳄鱼的眼睛可水陆两用，除了有上下眼皮外，还有一个透明的"第三眼皮"。在岸上，鳄鱼把这层眼睛皮收进去，到水里就放下，防止水进入眼中。

树须鱼由于长期生活在深水中，其眼睛已经退化，视力消失，变成了"睁眼瞎"。它靠嘴上长出的"小树枝"——触须，来探测环境，搜捕食物。深海中的巨尾鱼，眼睛长得特别大、特别凸，活像一副望远镜。如果没有这副"望远镜"，它什么也看不见。

深海中的发光鱼，在眼睛的上方长着一根"钓竿"，"钓竿"顶上带着的"诱饵"，一闪一闪地发着光，馋嘴的小鱼一上钩，就成了它的美餐。比目鱼生活在海底的泥沙上，身子的一侧总贴着海底，所以它两只鼓鼓的眼睛全长在向上的侧头顶上。四眼鱼生活在接近水面的地方，它眼睛分成上下两半，中间有一层隔膜隔开，上面两只眼睛看天空，下面两只眼睛看水中。沙蟹的眼睛长在长柄顶端，尤如潜望镜，能俯视平坦沙地上的敌人和猎物，若有危险，它就把眼睛柄横折入壳前端的凹槽中，迅速逃入洞穴。

　　豉虫生活在水面上，从外表看它只有 2 只眼睛，但每只眼睛的角膜分成上下两部分，这让它实际上拥有了 4 只眼睛，上面的 2 只眼睛观察水面上的情况，下面的 2 只眼睛观察水下的情况。一般的蜘蛛只有 6 只眼睛，但虎蜘蛛却有 8 只。它不会结网，这就需要有广阔的视野，8 只眼睛一齐看，可以做到"眼观八方"了。鹰眼的敏锐程度在鸟类中是名列前茅的，而且视野非常开阔，即便在高空飞翔，

虎蜘蛛

也能一下子发现地面上的猎物。

　　蜻蜓有一对宝石般明亮的、凸出的复眼，其构造精巧，功能奇异。这对复眼由很多只表面呈六角形的小眼紧密排列组合而成。每只小眼都自成体系，都有自己的趋光系统和感觉细胞，都能看东西。

顺风耳

◎ 人的听力有多强

　　自然界存在的声音比我们能听到的要多得多，事实上，自然界的一切声音，我们可以听到的还不到 10%。而超出我们听觉的其余声音是可以记录下来的。

有些科学家认为，人类的耳朵可以听见超声波，但这是他们在室内用实验证明的。实验时，研究人员将声源放在每个受试者的额头或耳朵后面的乳突上，这就意味着，振动是通过颅骨，而不是通过正常通道——空气和外耳传导的。这种情况在一般条件下是碰不到的。他们认为，如果声音频率具有足够大的强度能在水中传播的话，那么正在游泳的人就能将这个高频率的声音通过与水接触的颅骨传导到其声音记录中枢。

人类的耳朵经受声音的强度和响度的范围极大，但较大强度的噪音会使精巧的耳朵机能产生永久性损伤。人类对动物所能忍受的噪音强度还不大清楚，但可推测出这个强度范围的变化肯定比人类的范围大。

> **拓展阅读**
>
> ### 感受声音
>
> 人不光可以用耳朵听到声音，而且对声音还有奇特的感应力。医学研究发现，人对 15 赫兹以下、22 千赫兹以上的声音有奇特的感应力。这一范围的声音会给人以身体和神经方面的刺激。

人们对有些动物进行观察，发现使人们感觉很不舒服的响度对这些动物似乎并无影响。例如，海豹在水中发出的叫声会使潜水员感到非常不适，然而对其他海豹却无多大影响。

◎ 地下窃听专家的耳朵

在夜间捕食的大多数动物，一般都有较大的耳朵和灵敏的听觉中枢。以非洲的土豚为例，这种土豚以蚂蚁为食。它有一对大大的耳朵和一只笨重的长鼻子。别看它长相奇特，却是非常有本领的动物之一。它那善于四方转动的大耳朵可以听到蚂蚁的活动声，在静寂的夜晚，当土豚听到这些声音后，就毫不留情地把它们挖出来吃得精光。

还有一些习性、行为相类似的其他动物，如指猴，它能听到钻木甲虫幼体的活动声，继而用前肢上很细的中指将它们挖出来。更奇妙的是非洲的蝙蝠耳狐，它以白蚁和其他昆虫为食，偶尔也吃水果或小

指 猴

脊椎动物，它的每只耳朵与头一样大。非洲北部的一种小狐也有同样大的耳朵，在黑暗中它能听到鼠类、鸟类、蜥蜴或昆虫发出的最轻微的活动声，甚至能听到它们的呼吸声，是一个出色的搜捕者。

经常生活在地洞中的动物（如鼹鼠）和一些在夜间离开巢穴的动物，几乎看不见它们的耳朵，只有一个没有耳廓的小孔，有的还被软毛覆盖着，那些软毛可以防止洞穴中的泥土堵塞耳朵。

当然，这种结构对听觉有一定影响，但它可以使这类动物感受到从地面传来的、通过骨骼和颅骨直接达到内耳的低频振动，从而弥补结构上的不足。

敏锐的鼻子

◎ 狗和鳗鱼的敏锐鼻子

动物神奇的不仅是眼和耳，还有鼻子。最典型的是狗的鼻子，

它能嗅出 200 万种浓度不同的物质的气味。

有一种鳗鱼的嗅觉也很发达，如果在水中均匀地混入几微克的酒精，这种鳗鱼也能从中嗅出酒精的气味来。

鳗 鱼

◎ 灵敏的老鼠鼻子

老鼠通常一到夜间，就依靠它的鼻子，鬼鬼祟祟地出来偷食。它们往往因贪吃捕鼠器周围的食物而丧命，奇怪的是，一旦捕鼠器夹死一只老鼠以后，往往很长时间，就没有老鼠再来上当受骗。

这是为什么呢？原来，老鼠出洞后总是沿着一定的路线活动，比如沿着墙壁或其他物体的边缘边闻边跑，渐渐跑向带有食物的捕鼠器。丧命的老鼠会分泌一种带有特殊气味的化学物质，似乎在警告其他老鼠：这里危险，不要靠近！于是，后来的老鼠个个都提高了警惕，再也不到捕鼠器旁寻找食物了。直到死去的老鼠的尸体气味完全消失了，捕鼠器的作用才能继续发挥。

老 鼠

国外分离出了一种"老鼠芳香质"。这种东西有老鼠喜欢闻的浓烈的香气。把它涂到捕鼠器上，老鼠闻到以后，以为这里一定有它们喜欢吃的美味，便纷纷出洞，可是，迎接它们的只有气味和致命打击。

◎ 苍蝇的逐臭术

凡是腥臭污秽之处，苍蝇无不追逐而至。其实，苍蝇的嗅觉器官是非常发达的，它的嗅觉感受器分布在触角上，每个感受器是一个小腔，它与外界沟通，含有感觉神经元树突的嗅觉杆突入其中。

苍蝇的嗅觉感受器非常灵敏，因为每个小腔内都有上万个神经元。用各种化学物质的蒸气作用于苍蝇的触角，从头部神经节引导生物电位时，可记录到苍蝇闻到不同气味的物质时产生的电信号，并能测量神经脉冲的振幅和频率。

知识小链接

神经脉冲以单一方向前进

当神经脉冲由一个神经元传到另外一个神经元时，会经过一处叫突触的地方。突触就像是两个接触点之间的一道缝，当神经脉冲传到这道缝时，会产生一些化学物质，然后扩散过去，这样就能确保神经脉冲能以单一方向前进。

◎ 象甩鼻子猪拱地——鼻有其妙

去坦桑尼亚天然动物园的人，有时在其原野上能看到一个奇怪的现象：大象常常高举起鼻子，好像在空中搜索什么似的。它在干什么？

原来，大象的视觉很差，而嗅觉和味觉却十分发达。大象高举起鼻子，就是在搜索空气中的"气味情报"，根据气味来判断附近有没有其他动物，以"思索"对策。当大象没有闻到异常的气味时，它往往会疑虑重重、踌躇不前。

猪常拿鼻子拱来拱去的，其实它是在凭嗅觉找东西吃。有人曾把 243 种蔬菜放在猪的面前，猪就专拣其中 72 种好吃的吃，不好吃的，它碰也不碰，这样看来，猪也有聪明之处呢！

大　象

◎ 动物嗅觉妙用

动物嗅觉发达，是因为它们要靠嗅觉觅食、逃避危险、追踪猎物以及进行信息交流。动物间的交流，是通过发出化学气味来进行的，这是动物间的化学语言，也叫化学信息素。蚂蚁、蜜蜂等昆虫就是利用气味来区分敌友、猎取食物、传递消息、发出警报、决定行动、寻找配偶和促进发育的，离开了气味，这些动物就不能生存。

超级导航功夫

◎ 海豚的定位本领

海豚无论是在白天还是在黑夜，它们都能成功地捕到鱼吃。原来，它们有自己的声呐设备。当海豚觅食时，我们用水听器可以听到轻微的"吱吱"声。

基本小知识

声 呐

声呐是一种利用水中声波对水下目标进行探测、定位和通信的电子设备，是水声学中应用最广泛、最重要的一种装置。声呐分主动式和被动式两种类型。

有人做过这样的实验：把丧失知觉的小鱼从小船上不声不响地放入水中，海豚便径直游向小鱼，且自始至终都发出"吱吱"声。这时候，把水搅浑，以确保无论

海 豚

如何也不可能从远处看见鱼（实验是在夜间进行的）。如果海豚已经游过小船，实验人员就小心地把鱼从小船的另一边放入水中，海豚便会立即折转回来。

海豚用声音分辨目标的本领也是很高的。如果蒙住海豚的眼睛，它仍能准确辨认物体的大小和形状，每次都冲向它的食物，而不是冲向同样大小和形状的装满水的塑料瓶子。令人吃惊的是，海豚竟能分辨 3 千米以外的鱼的性质。海豚还能识别不同的金属，甚至当不同金属有同一强度的回声时，它也能区别出来。

◎ **靠水温定位的大麻哈鱼**

大麻哈鱼是鲑鱼科中最大的鱼类，一般体长 60 厘米，出生在

淡水河中，以后迁徙到海里，在性成熟以前生活在海洋里，最后返回河川中产卵。大麻哈鱼成群地栖息在太平洋北部，每年返回河川，它们年复一年地遵照相差不到几天的日程游出和游入河川，曾令科学家们十分迷惑。后来科学家在鱼背上安上水声发生器，用于了解它们的游踪，结果发现，大麻哈鱼成鱼是按照一定的海路和夏季时刻表汇入出生地——产卵的故乡河川的。不管是在海洋中还是在河川中，大麻哈鱼总是在相当狭窄的一定温度范围水域活动，这个温度范围是 13～19℃。为了满足这个温度的生活范围，大麻哈鱼在春季成群结队地北上，秋季则南下，因为沿途的水温是随季节而变化的。由于这样的移动，当其出生地河川的水温达到产卵和孵卵的最适宜温度时，大麻哈鱼就会返乡。

基本小知识

太平洋

太平洋是世界上最大、最深、边缘海和岛屿最多的大洋。位于亚洲、大洋洲、北美洲、南美洲和南极洲之间。面积 17 967.9 万平方千米（一作 17 868.4 万平方千米），约占世界海洋面积的一半。

◎ 靠太阳定位的蜜蜂

蜜蜂以勤劳著称，我们吃的蜂蜜就是它们的成果。蜜蜂是现在已知的具有天然偏光导航仪和生物钟的典型代表。

蜜蜂是怎样确定太阳方位的呢？蜜蜂共有 5 只眼：头两侧有 2 只复眼；另外 3 只生长在头甲上，叫单眼，现已证明它们起光度计的作用。换言之，单眼是照明强度的感受器，它们决定蜜蜂早晨飞出去和晚上归巢的时间；复眼中的每个小眼由感光细胞组成，并作

辐射状排列。实验证明，蜜
蜂正是利用这些小眼感受太
阳偏振光，并据此来定向的。

蜜　蜂

◎ 苍蝇的偏移修正系统

　　苍蝇的楫翅（平衡棒）
能调节自身翅膀向后返回的
运动，并保持虫体的紧张性。
但楫翅最重要的功能是作为
振动陀螺仪，在飞行中使之
保持航向而不偏离。它是自然界中的天然导航仪。

　　陀螺转动时，它的轴总是朝着某一个方向不变的。苍蝇飞行
时，楫翅以很高的频率振动着，这种振动产生陀螺效应，使之在飞
行中能保持稳定。当偏离航向时，楫翅产生扭转振动，这个变化被
其基部的感觉器感受，并把偏离信号发送到大脑。大脑分析了发来
的信号后，发出改变该侧翅膀运动速度的指令，于是把偏离的航向
纠正过来。大多数双翅昆虫都有这种功能。

◎ 长途旅行者的本领

　　在千百万年以前，动
物就具有卓有成效的导航
本领，其"导航仪器"的
小巧性、灵敏性和可靠
性，至今仍然使人们惊叹
不已。鸟、鱼、鲸和海龟
等都能在空中或海上进行

拓展阅读

鸟类识途的原因

　　进一步的研究发现，鸽子在晴天
会将太阳作为罗盘，但是当太阳不可
见时，它们就主要参考感应到的地磁
信号了。那些在黎明和黄昏时分行动
的候鸟，很有可能是通过日出和日落
时的偏振光来确定方向的。

远距离移动，并准确无误地到达目的地。例如，有一种中等大小的鸟叫北极燕鸥，它营巢北极而在南极越冬，每年飞行4万多千米。一些科学家认为，鸟类可以通过本地的地球磁场，来确定自己的绝对位置和相对位置。鸽子也有卓越的航行本领，信鸽一般能从200～2 000千米以外的地方飞回鸽舍。

绿海龟是有名的航海能手。如生活在南美洲的绿海龟，每年3月，当产卵季节到来时，它们便成群结队从巴西沿海向距离巴西很远的小岛爬行。

绿海龟能准确无误地找到小岛。它们在岛上产卵后，6月，又爬入波涛汹涌的大海，踏上返回巴西的漫长征途。孵化出来的幼龟也游回巴西沿海，它们长大后再回到"故乡岛"上产卵。

奇特的化学才能

说罢动物的定向之后，现在要讲讲它们的化学本领。这些无师自通的"化学家"有时的确叫人惊叹。

◎ 海洋贝壳的黏胶

藤壶是一种海洋甲壳动物，它生活在近岸地带，附着在峭壁上，故能经得起海浪的猛烈冲击；它也常附着在船身上，致使船速变慢。

藤壶在成熟初期能分泌一种黏液，可以把它终生固定在一个地方。黏液把它固定得非常牢靠，以至于人们要把它从船上除掉时，往往会把钢屑也带下来。

◎ 鳄鱼眼泪

据说，鳄鱼在吞食牺牲品时总是流着悲痛的眼泪。研究发现，鳄鱼的"眼泪"是很丰富的，但这并不是怜悯，也不是多愁善感，而是它排泄出来的盐溶液。鳄鱼的"眼泪"秘密的揭示，是生理科学的一个发现。

鳄　鱼

有些动物的肾脏是不完善的排泄器官，为了从体内排除多余的盐类，它们就发展了帮助肾脏进行工作的特殊腺体。而鳄鱼的这种排泄溶液的腺体正好位于眼睛附近，难怪当它们吞食牺牲品时，会被误认为是在流"眼泪"了。

◎ 毒蛙之毒

生活在南美洲热带雨林中的印第安土著，在很早以前，就知道热带丛林中的某些蛙类，背部能分泌出一种剧毒物质。猎人将这种蛙毒涂于箭头或矛尖，用以狩猎，故得名箭毒蛙。这种剧毒物质的作

箭毒蛙

17

用究竟是怎样的，印第安人并不感兴趣，科学家也没有弄清楚。后来，有2名美国医生做了一系列复杂的研究之后，才弄清楚是怎么回事。

原来，这种被科学家们称为蛙毒的物质，能破坏神经系统的正常活动。这种蛙毒只要有一点点进入兽类体内，就能破坏其体内的离子交换，使神经中枢发出的指令不能正常到达组织器官，从而导致心脏停止跳动。

◎ 化纤纺织专家——蜘蛛

蜘蛛在雨中结网，为什么不怕网被雨水打湿？蜘蛛在天花板上吐丝下降时，往往能在半空中戛然而止，这又是什么原因呢？这个谜直到近代才被揭开。有人仔细测试了某些蜘蛛丝的强度和韧性，结果发现蜘蛛网在潮湿时变得像橡皮筋一样富有弹性。而蜘蛛丝的强度几乎与轮胎中用的尼龙丝一样结实，韧性却是尼龙丝的2倍，所以蜘蛛能在雨中结网，而且结成网后，也不至于被每天清晨的露水的重量所破坏。

蜘蛛网

蜘蛛丝为什么有这种优良的性能？原来这和它的分子形状有着密切的关系。在合成高分子化合物的溶液中，分子呈长链状，像一条柔顺的丝，分子形状有显著的几何不对称性，因此分子排列是杂乱无章的。这种溶液制成的纤维，强度很低，所以在化学纤维的制作中，用外力将刚成形还处于塑性状态的纤维拉伸，就能使纤维中的分子长链顺拉力方向整齐排列。

这种排列整齐的分子能"团结一致"、承受外力，使纤维变得异常坚固。这种通过拉伸使分子呈一定方向排列来提高纤维强度的技术，是 20 世纪随化学纤维的发展才在纺织工业中得到应用的，而蜘蛛早已开始应用这项拉伸技术了。

蜘蛛吐丝时，也是通

你知道吗？

世界上最大的蜘蛛 ——格莱斯捕鸟蛛

世界上最大的蜘蛛是生活在南美洲潮湿森林中的格莱斯捕鸟蛛。格莱斯捕鸟蛛在森林中织网，以网捕捉来的鸟类为食。当它咬住猎物时，它会先设法使猎物不能动弹，然后将消化液注入猎物体内，这时，它就可以享受美味了。

过拉伸来提高丝的强度的。它有 3 种拉伸方法：①将做丝的液体从下腹后部的一对囊袋中挤出后，蜘蛛丝一端黏附在一个支持物上，如天花板或树枝上，然后利用蜘蛛本身的重量从空中下降，蜘蛛本身下降的速度要大于吐丝速度，这样就将蛛丝拉伸，达到一定强度后，蜘蛛停止吐丝，就能悬在半空；②将蛛丝一端黏附在支持物上后，蜘蛛随即迅速跑开，在走动的过程中将蛛丝拉伸；③蜘蛛利用它的 4 条腿，将蛛丝从囊袋中拉出。

◎ 动物的"化学武器"

在动物世界里，很多动物有着非常奇特、厉害的"化学武器"，这种武器是它们赖以御敌、出奇制胜、捕获猎物的法宝。蚊虫在吸血时先向人体注射一种叫甲酸的"麻醉剂"，使人暂时不能觉察它的袭击。待到发现它时，它早已饱餐而去。毒蜘蛛、蝎子、蜈蚣等也有着各自的毒液武器。

蜜蜂的"箭"不仅使人又痒又疼，还会引起其他的蜜蜂群起而攻之。原来，它射出的螯刺和毒腺，不仅能释放出醋酸异戊烷致人痒疼，还能引来其他蜜蜂继续实施攻击。

马蜂蜇人更加厉害。南美洲有一种被称为"杀人蜂"的马蜂能叮人致死。此外，有一种无刺的大蜂专以"打家劫舍"为生，蜂群在行动前会派一名"敢死队员"进入普通蜂巢内，这只蜂"阵亡"后立即释放出"告警信息毒"，使巢内的蜂纷纷昏迷，它的同伙则趁机而入，抢掠一空。

在古埃及，蜂毒就被人用来治疗风湿病、皮肤病等。日本科学家从蜂毒中提取出一种对昆虫神经有抑制作用而对人畜无害的蛋白质，用于防治虫害。

臭鼬能分泌很臭的液体，这种液体能使猎犬畏缩不前，猎人也会恶心呕吐。它依靠这种"臭炮"，使很多敌人退避三舍。

在非洲和南亚的森林中，一只小鸟突然坠落，原来它被一种眼镜蛇射出的、射程可达4米的液体击

臭　鼬

毙。然而，正在享用小鸟的眼镜蛇碰上了蛇獴，尽管它连射毒液，却无济于事，很快就被蛇獴吃了。蛇獴何以不畏蛇毒？原因是它体内能分泌出一种奇特的化学物质，可以分解毒液。

趣味点击

蛇獴和眼镜蛇的对决

把蛇獴和眼镜蛇放在一起，开始时蛇獴全身的毛竖起来，眼镜蛇盯着蛇獴不敢乱动。蛇獴见眼镜蛇伏着不动，便向前去逗弄它。眼镜蛇发怒了，前半身竖起来，颈部膨大，发出"呼呼"的声音，一次一次地把头伸向蛇獴。蛇獴很灵活，躲得很快。等到眼镜蛇筋疲力尽，蛇獴摸到它的身后，出其不意地一口咬住它的脖子，把它咬死，吃了它的肉。

动物的"化学战"在海洋中也可见到。章鱼不仅能施放烟幕障目，而且捕到食物后还不急于吞食。它先用坚硬的嘴将其撕裂，然后喷射一种化学剂，等猎物的肌体液化后才大饱口福。章鱼与海蟹激战时，海蟹的两螯握有一只海葵舞个不停，海葵不仅有大量的触手，且每只触手都能射出带毒的刺丝。章鱼招架不住，只好施放烟幕，溜之大吉。

乌贼遇敌时施放烟幕进行掩护、逃窜。有种小乌贼用的办法更胜一筹，它不施放烟幕而是喷出一种含盐酸和硫酸的唾液，其腐蚀性极强，故其他动物都不敢去惹它。

鱼类的"化学武器"多为刺鳍。胆星鱼长有带剧毒的刺鳞，用于搏击；澳洲石头鱼的毒刺一旦刺到人，可致人死亡；赤鱼的尾棘刺到树根，竟能使整棵树逐渐枯萎。

凶残的鲨鱼对小小的比目鱼却一筹莫展。原因是比目鱼能排泄一种乳白色的液体，这种液体毒性极强。鲨鱼一旦沾上这种液体，嘴巴便会立即僵硬。现在，人工合成的比目鱼素被称为"防鲨灵"，可以制服海上的霸主——鲨鱼。

河豚的内脏带有剧毒，还能排出带剧毒的鱼卵素。倘若它不幸被别的动物吞食，吞食者很快就会发现，自己将付出惨重的代价。

虽然河豚的内脏剧毒无比，可从河豚肝脏中提取制成的"新生油"却能治疗食道癌、鼻咽癌、胃癌等。河豚毒素还能治疗胃痉挛、神经痛等，并可用于晚期癌症的止痛。

形形色色的动物"化学战"，趣味盎然，它们对仿生学的研究、模拟高度完善的生物机体结构、促进现代科学技术的发展等，都将大有裨益。

怪异的发电技巧

◎ 自备电压的电鳗

有一种生长在南美洲的电鳗，身长 2 米，它能发出 300 伏特的电压，个别的可发出达 650 伏特的高电压，可把牛或马这样的大动物击毙于水中！

据说，古希腊人有一种为癫痫病人治病的特殊方式：当癫痫病人发狂、抽搐的时候，人们便把他强按在一种叫电鳗的鱼身上，很快，癫痫病人就安静下来。那时，古希腊人并不知道电鳗为何有这等奇效。

基本小知识

电 鳗

电鳗体长，呈圆柱形，无鳞，灰褐色。长者可达 2.75 米，重 22 千克。它的背鳍和尾鳍退化，尾下缘有一长形臀鳍，依靠臀鳍的波动而游动。尾部有一发电器，来源于肌肉组织，并受脊神经支配。电鳗是鱼类中放电能力最强的淡水鱼，被称为"水中的高压线"。

近代科学揭示这就是生物电疗法。现在我们知道，几乎所有的生物身上都有生物电，但大多数比较弱，像电鳗那样能产生高电压的动物是极少见的。

◎ 放电给人治病的电鳐

在南太平洋沿岸的一些沙滩上，经常会有一些步履蹒跚的患风湿病的老人，他们来这里并不是戏水观潮，而是来求医治病的。而医生就是这一带常见的一种软骨鱼——电鳐。

电 鳐

电鳐有专门用来发电的电流，一旦放电，在附近水域游泳的人就会感到有些麻木不适，有时甚至会战栗起来。然而，这对风湿病却颇有疗效，所以时常有风湿病患者慕名来海滩求医。由于电鳐能放电，所以人们常称它为"活电池"、"活的发电机"或电鱼。

电鳐的身体扁圆，头胸合并，眼嘴微小，拖着一条棒状尾巴。在它头胸部中线两侧各有一个扁肾形的蜂窝状发电器。发电器由许多像"电板"一样的组织构成，几十块"电板"重叠排列成六角形的小柱体，大约600个小柱体组成一个发电器。"电板"间充满透明呈胶状的物质，这些物质起着电解质的作用。"电板"连着神经末梢的一面是正极，没有神经分布的一面是负极。当大脑把兴奋感传递到"电板"时，引起"电板膜"对离子的通透性变化，从而产生电压。单个"电板"产生的电压并不大，但由于电鳐的

23

"电板"数目多，所以放出的电压是相当可观的。各种电鳐的放电能力是不同的，中等大小的电鳐一次放电的电压为 80 伏特左右，一秒钟可连续放电百余次，经过数十秒钟的连续放电，电鳐就会筋疲力尽，需要休息复元后才能继续放电。

基本小知识

电解质

　　电解质是溶于水溶液中或在熔融状态下就能够导电并产生化学变化的化合物。常见的酸、碱、盐都是电解质，但有一些不是，如氯化铍。在上述两种情况下都不能导电的化合物称为非电解质，蔗糖、乙醇等都是非电解质。大多数的有机物都是非电解质。

造型妙术

◎ 海豚的高速造型

　　潜艇航行速度可达每小时 35 节（1 节 = 1.852 千米）左右。如果举行一场水下游泳比赛，海洋动物海豚却能轻而易举地把潜艇远远抛在后面。海豚游泳的速度一般为每小时 50～70 千米，有时甚至达到每小时 100 千米，比潜艇快得多。

　　这是为什么呢？原来，海豚不仅有理想的流

趣味点击

一边游泳一边睡觉

　　海豚游泳时，有时会闭上其中的一只眼睛。研究发现，这种状态中的海豚某一边的脑部呈现睡眠状态。也就是说，海豚虽然在持续游泳，但它左右两边的脑部却在轮流休息。

线型体型，而且还有特殊的皮肤结构。海豚的皮肤分两层，外层为表皮层，薄而富有弹性，其弹性类似最好的汽车用橡胶。表皮层下面是白色的真皮层，这一层有无数乳头状的突起物，在乳头层下面有稠密的胶状纤维和弹性纤维，其间充满脂肪（脂肪层）。

海豚的头颈部、鳍的前缘等部位在运动中感受的水压较大，因而它们的表皮和真皮很发达。海豚皮肤的这种结构，能使有机体保温，又能提高表皮与真皮的连接力，同时，它又像一个很好的消振器，使液流的振动减弱。

此外，海豚还有一种减小摩擦力的方法——当海豚的运动速度很快，涡流已不能靠皮肤的消振和疏水性来消除时，皮下肌肉便开始做波浪式运动。沿海豚身体的波浪运动消除了高速产生的漩涡，使得它能飞快地游动。当然，海豚的游泳速度取决于它的整体及其他部分的流线型体型。在海豚身上，一切干扰运动的东西——毛覆盖层、耳壳和后肢都消失了。而位于额部的弹性脂肪垫，显然是很完美的消振器，它消除了前面的湍流。因此，海豚在游动时，其身体周围的水流极小，大大减小了它所遇到的水阻力。

◎ **蜜蜂的紧凑造型术**

蜜蜂建筑蜂房的本领是很出色的，它们能在昼夜之间用蜂蜡建起成千上万间住宅。蜜蜂的住宅都是平放着的六棱柱形房间，每个房间的体积都是相同的，显得十分整齐、美观。由这种标准房间组成的一幢幢蜜蜂住宅大楼，一般都是由两大片蜂房背对背地靠在一起组成。这

蜂 窝

样，两片蜂房就可以共用·个底。因此，这种形式的蜂房，可以用最少的建筑材料，造出最大容积的房间。

◎ 王莲的超负荷造型

在南美洲的亚马孙河上，生长着一种世界闻名的观赏植物——王莲。王莲为多年生草本植物，根茎直立。其叶浮于水面，呈圆形，边缘处向上转折，直径可达 2 米以上。一个五六岁的孩子坐在莲叶上，犹如乘坐一叶扁舟。薄薄的莲叶，怎么承受得住一个孩子的重量呢？

法国的一位园艺家、建筑师莫尼哀曾对这一现象进行了研究。他发现王莲叶子的背面有许多又粗又大的叶脉，叶脉之间连以许多镰刀形的横筋，构成一种网状骨架，可承受很大的负荷。

王 莲

护身妙法

软体动物是最大的动物类群之一，已知有 11 万多种，仅次于节肢动物。因为软体动物身体外面大多有坚硬的石灰质贝壳，所以又被称为贝类。大多数贝类活动能力不强，缺乏进攻的器官和能力，但它们有许多特殊的护身妙法来保护自己，以适应生物界的生存斗争，也给人类带来了许多启示。

基本小知识

节肢动物

节肢动物，也称节足动物，是动物界中种类最多的一门。节肢动物身体左右对称，由多数结构与功能各不相同的体节构成，一般可分头、胸、腹三部，也有些种类头、胸两部愈合为头胸部，有些种类胸部与腹部未分化。体表覆有坚厚的几丁质外骨骼。

◎ 团壳和闭厣

当遇到危险时，蚌、蚶等瓣鳃类动物会迅速把身体缩入壳内，紧闭两个贝壳；而田螺、蝶螺等有厣（yǎn）种类动物就用厣把壳口封住，借以防御外敌的侵害。贝类的贝壳大多坚硬结实，能承受较大的压力。贻贝、牡蛎的贝壳每 1.25 毫米厚度就能抗 100 千克的压力，它们贝壳的关闭力量能经得起几千克甚至上万克的拉力；有的贝壳厚 2 毫米，能承受 300 千克的压力，攻破这样坚固贝壳的敌害为数可不多。壳长超过 1 米、体重达 200 多千克的砗磲是世界上最大的双壳贝，它的贝壳坚如磐石，连冲天怒号的海浪也不能将它击破。要是潜水者把脚误伸入它的双壳之中，就如落入陷阱，除非用利刃割断它的收缩肌，否则就难以挣脱逃生。

◎ 乔装打扮

用拟态和伪装来欺骗敌害也是贝类一种行之有效的护身法。衣笠螺在它的贝壳上面黏附着许多石粒或空壳，犹如一堆碎石；泥螺则用头盘和足部掘起泥沙再与身体所分泌的黏液混和，覆盖在身体表面，伪装成一堆凸起的泥沙，以此来欺骗敌害，使自己免受侵扰。石磺、花棘石鳖以及滨螺等的体色与它们所栖息的岩石和环境的色泽相似，敌害很难发现它们的行踪。而生活在海藻丛中的海兔，则能根据各种藻类的颜色变

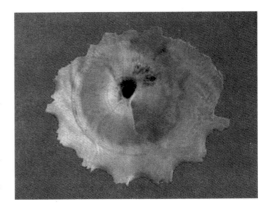

衣笠螺

换自己的体色来与海藻相应；而且有的海兔的体表生有绒毛状或树枝状的突起，与海藻的形态完全相仿，粗心的敌害很难能分辨出它们的真伪。

◎ 分身术

分身术也是贝类时常运用的一种御敌方法。许多贝类在受到敌害侵袭时，能自行断裂身体的某一部分而逃遁或作为诱饵来转移目标。竖琴螺、蜗牛能自己割掉足的后部；角贝能自断其头部的触丝；竹蛏、海笋等能自残水管的末端；而瓣鳃类软体动物则能很快脱落被敌害捉住的无关紧要的部分躯体，其余部分趁机脱逃。失去部分躯体对于贝类来说是无关紧要的，因为它们有较强的再生能力，不久这些伤残部分即可恢复原样。

◎ 分泌汁液

分泌珍珠质是河蚌、珍珠贝等一些贝类专门用于防止寄生虫或外来物质侵蚀的方法。当绦虫、吸虫的寄生性幼虫侵入贝类的外套膜时，贝类为了保护自己，就迅即分泌出珍珠质液，把入侵者包

芋　螺

围起来，久而久之就变成了一粒珍珠。珍珠晶莹明亮、光彩夺目，是名贵的装饰品，也是治疗多种疾病的良药。然而天然珍珠数量稀少，质量也难以控制。因此，人们就利用贝类的这种护身习性来人工培育珍珠。

分泌毒液或臭味也是某些贝类驱敌自卫的有力武器。个头不大的芋螺由于它的形状略似鸡心，所以又称为鸡心螺，它的螺壳绚丽多彩，惹人喜爱。但是谁也不敢轻易地去冒犯这种引人注目的贝类，因为它能分泌毒性很强的毒液，这种毒液不仅能使小鱼、小虾即刻死亡，而且还能致人于死地。海兔分泌的挥发性毒素，能毒害敌人的神经和肌肉系统，使其麻痹、瘫痪，失去进攻能力。而美国海菊蛤等则能分泌出强烈的臭味来驱赶敌害，保护自己。

你知道吗？

海菊蛤

海菊蛤常栖息于潮间带低潮线附近至潮线下较浅的水域，以右壳固着在岩石、珊瑚礁等物体上生活。闭壳肌肥大，可加工成干贝。贝壳可作观赏品。

能工巧匠

◎ 严密的地下宫殿

兽类中技艺高超的"建筑师"要首推啮齿动物。我国北方有一种鼢鼠叫作东北鼢鼠，它生活在草原及农田下。这种小动物真是地下宫殿的"建筑专家"，它生活在地下洞窟中，有纵横交错的主道通出地面，各支道的末端或旁侧有宽敞的洞穴，分别作为卧室、仓库、厕所和休息室等。地道很长，可达 50 ~ 60 米，有好几个洞口，这些洞口非常隐蔽，一般在外面察觉不到，因为常被一些碎泥覆盖着。

知识小链接

啮齿动物

啮齿动物是哺乳动物中种类最多的一个类群，也是分布范围最广的哺乳动物。除了少数种类外，一般体型均较小，数量多，繁殖快，适应力强，能生活在多种多样的环境中。

在这复杂的建筑群中，卧室自然是最讲究的部分。它很宽敞，室内还垫着细绒草、根和树叶等，显得十分舒适。酷热的夏天，鼢鼠居住在离地面较近的洞穴里，既通风又比较阴凉。然而每当严冬到来时，它们就搬进距地面更深的地方，那里温度恒定，可以御寒，即使洞外零下数十度，地下的鼢鼠仍然活动自如。它们的仓库里储藏着大量食物，如龙须菜、花生、马铃薯、胡萝卜和茅草等。如果一旦发现食物已经发霉，它们就会将其抛弃不食。但要通过长长的地道，将食物搬出洞外实非易事，何况沿途还会弄脏地道。于是它们采用巧妙而便捷的办法，用泥土将这个仓库全部堵塞，再去新建一个仓库。

可能有人会担心，下雨时它们怎么办呢？鼢鼠对此都作了全面的安排：一方面，它们将洞窟筑在较高而干燥的地方，洞口覆盖着泥土，雨水不易进去；另一方面，各穴室不设置在同一水平位置上，即使有水流入洞内，也仅影响地下室的小部分，无损大局。

◎ **神奇的罗网**

蜘蛛有一项独特的本领——结网。不同种类的蜘蛛，根据不同的需要，在不同的场所，能结出各种形式的网。蜘蛛腹部有一种能生产丝线的腺体，经由吐丝器分泌出来后，形成坚韧而有弹性的细丝，再经由蜘蛛结成罗网。纵横交错的蛛丝并不完全一样，可以分为两种：一种是蜘蛛用来到处活动的干线，不具黏性；另一种是涂有黏性物质的黏线，用以粘捕飞虫。

网结成后，蜘蛛坐守在网的中心，利用其灵敏的触觉随时监视网面的情况，一旦有飞虫落网，它能凭借网线的震动，确定猎物的大小和位置。有一种奇怪的蜘蛛是在水底生活的。它把网编织在水生植物

结网的蜘蛛

之间，用以捕捉小型的水生动物和昆虫。这种水生蜘蛛也离不开空

气，必要时，它会升到水面，在腹部和后腿间做一个气泡，带回水下住所。这样往返十几次，就可以在水下做成一个直径约2厘米的圆形气囊，供它呼吸。

◎ 鱼类中的鲁班

鱼类中有不少能工巧匠，肺鱼和刺鱼是其中的代表。肺鱼是从三叠纪初期遗留至今的古老鱼类。每逢旱季，肺鱼就钻入淤泥中休眠。在旱季来到之前，肺鱼利用体表分泌的具有很大凝聚力的黏液，调和周围的泥土，形

肺 鱼

成一个屋式泥茧。这个泥茧是密封型的，只在对着鱼嘴的地方留了一个小小的呼吸孔，以便进行微量的气体交换。肺鱼泥茧的长度可达2米以上，与精细小巧的蚕茧相比，可称得上巨型建筑物了。肺鱼的泥茧异常坚固，肺鱼睡在里面不动不食，直到雨季到来，茧壁的淤泥被水泡软冲散时，肺鱼才出来像普通鱼一样生活。

基本小知识

三叠纪

三叠纪是2.5亿至2亿年前的一个地质时代，它位于二叠纪和侏罗纪之间，是中生代的第一个纪。三叠纪是古生代生物群消亡后现代生物群开始形成的过渡时期。裸子植物迅速发展并在晚期成为陆地植物的主要统治者。巨大爬行动物崛起，并出现海生类群。晚三叠纪出现恐龙及原始哺乳动物。这一时期形成的地层称为"三叠系"。

我国东北地区有一种长不过4～5厘米的小型鱼类，叫刺鱼，它们有高超的筑巢本领。春天繁殖季节，雄刺鱼用嘴和鳍把芦苇和其他水生植物的茎、根、碎片汇集起来，利用肾脏分泌的黏液丝，把这些杂物胶合成椭圆形的巢，搭在某些质地坚韧的水草茎上。为使巢壁更加牢固，刺鱼还要在巢壁的空隙中加入"填充剂"。它们用嘴吸取细沙，仔细均匀地喷在

刺　鱼

巢壁上，同时还不断地用身体在巢内外的壁上反复摩擦，让体表的黏液涂在巢壁上，使巢变得格外光滑、牢固。完成后的巢是一个中空而略呈圆形的房子，它和固定在水草上的一个基础面完全相符。

◎ 扬子鳄的三层洞穴

扬子鳄是一种古老的爬行动物。它很聪明，又很勤劳。扬子鳄是一种穴居动物，它很会营造洞穴，一般一个洞穴只住一条鳄。扬子鳄的洞穴因其性别、年龄不同而异，年龄越大，洞越复杂，营造得越讲究。

扬子鳄的洞穴都选择在土质疏松的地方，它先用前爪掘开较硬的表层土，再用尾巴把土推到旁边，然后用脑袋使劲钻进去，退出来，再钻进去，再退出来，如此不断反复，终于为自己营造了一个理想的洞穴。扬子鳄的洞穴一般分为三层，一层比一层高，最大的洞穴长达30多米。洞内有数条迷惑天敌的岔道，还有1～3个倾

斜的进出口，一端延伸至树林、草丛之中，另一端隐蔽在入水处。洞顶有 1～2 个通往地面的垂直气孔，可保持洞内空气新鲜。沿主通道往里，最深处才是椭圆形的"卧室"，里面铺着枯叶、杂

扬子鳄

草等，另外还有一个常年积水的"浴池"。最令人惊讶的是，扬子鳄每次打的洞都能按照当年的最高水位确定位置。扬子鳄是怎么预知当年最高水位的，至今仍是个谜。

◎ 鸟巢种种

鸟类不愧是天生的"建筑师"，它们的巢有杯形的、球形的、碟形的、袋形的等。大的一些鸟巢直径达数米，可以并排睡 10 只鸟，气势磅礴；小的一些莺类、鹪鹩的巢，直径只有几厘米，工艺精细，巧夺天工。

有几种广布于欧洲、亚洲、非洲和美洲的山雀，是筑巢的能工巧匠，它们把精美的袋状巢编织在细树枝上，通常为近水的柳树嫩枝的末梢。由于巢的质地十分紧密，欧洲的孩子有时拿它当拖鞋穿，东非人拿它作手提包。

而最奇特的莫过于园丁鸟。它们的雄鸟用各种彩色的羽毛、浆果、鲜花乃至人类丢弃的玻璃和塑料来装饰窝巢，把巢收拾得像新房一样美丽，以博取雌鸟的喜爱。这种鸟已成为世界上最珍贵的鸟类之一。

◎ 非人工的大坝

河狸是啮齿动物中的"巨人"，栖居于近水的森林地带。河狸的巢穴是从水下斜着向河岸挖掘而成。其巢穴虽在水上，洞口却在水下，为了保障安全，巢穴必须保持一定水位，把洞口隐蔽起来。在筑巢的地点，河狸把树枝用力插进河床，用粗树枝压住，并放上石块，树枝间的缝隙用细枝、芦苇混以软泥堵实，使之完全不漏水，这便是河狸筑成的坝。为了抵挡流水的压力，河狸会在坝的下方用叉棍将坝撑住。坝固定在巨石或活树上。坝修成后，会出现一湾平静的湖水，可供河狸游泳、觅食，并便于筑巢。

为了达到上述目的，河狸们各自拖着枝、杈，甚至很粗的树干返回到小湖中，几天以后湖面上又多出了一个高出水面 2 米的树枝堆，这就是河狸们终夜辛勤"工作"的结果。它们不停地伐倒、咬断、搬运、堆集着树枝干，而后再用泥和杂草把枝条间的缝隙堵住，最后从水下向上咬开一条通道，再

河 狸

在水面以上的枝条堆中开出几个不同大小的洞穴作为它们的"食堂"、"过道"和"卧室"，一幢河狸的"大厦"就大功告成了，河狸夫妇可以安心地在"新房"中生儿育女了。

严冬即将来临，小湖的水位开始下降，河狸住宅的大门快要露出水面以外了，河狸们将有遭受敌人趁机而入的危险。于是全体居

住区的河狸们又开始忙碌起来，为了使保卫它们生存安全的水不致进一步减少，它们不停地搬来树枝、树干和杂草以堵塞那些水下的漏洞。于是水位再度升起，又淹没了河狸住宅的大门口。寒冬来临的时候，厚厚的冰雪覆盖住河狸的住宅和大门，河狸们可以安然地度过漫长的冬天，只有在取食时才从冰下大门中外出。

不可思议的光

◎ 穷究海水发光的原因

每当温暖季节，夜幕降临以后，夜航的渔民们常常可以看到海水上层闪耀着光芒。发光水层可深达 50 厘米到几米，渔民们把这种现象叫作"海火"。海火主要是由浮游生物发光所引起的。

海里的发光生物种类繁多。细菌、甲藻、夜光虫、放射虫、火体虫、磷虾、乌贼、章鱼和某些鱼类等都能够发光。当它们在水面密集出现时，犹如万点星光。

人们对细菌并不陌生，它们不仅数量大，而且分布

火 湖

广。发光细菌在发光生物中占着极为重要的位置。目前已记载的 18 种发光菌中，淡水有 2 种，它们与其他发光生物不同，不需要任何刺激就可以发光，发出来的光是连续的弥漫光。

有趣的是，有些生活在河水中的发光细菌却需在含海盐约

0.05% 的环境中才开始发光，有些则能够在完全不含海盐的水中微弱地发光。各类发光细菌对盐度、温度和酸碱度都有一定要求。当盐度增加到普通海水盐度的 1 倍以上时，海洋发光细菌就会死亡或停止发光。许多种细菌发光的最适 pH 值为 5.9 ~ 8.3。这些发光细菌通常与鱼类、乌贼及大章鱼等共生，附着在它们的体表。

基本小知识

pH 值

pH 值即氢离子浓度指数，是指水溶液中氢离子浓度的常用对数的负值。通俗来讲，pH 值就是表示溶液酸性或碱性程度的数值。pH 的范围一般在 0 至 14 之间，当它为 7 时，溶液呈中性；当它小于 7 时，溶液呈酸性，值越小，酸性越强；当它大于 7 时，溶液呈碱性，值越大，碱性越强。

◎ 深海缘何"灯光"灿烂

深海里的生物大多有发达的发光器官。据动物学家估计：40% 以上的深海鱼类都具有发光器官，能发光的乌贼有 28 种，占已知乌贼种数的 20%；能发光的枪乌贼更多，有 100 多种，占枪乌贼种数的 60%；能发光的章鱼，到目前为止只知道 3 种。无数的发光生物在深海里闪耀着光辉。

鱼类的发光器官多排

拓展阅读

灯笼鱼

灯笼鱼是小型深海发光鱼类，它们的头部和身体腹面两侧等都有许多发光器官，位置多达 20 多个，各部位的发光器都有专门的名称，如眶前发光器、鼻背发光器、鳃盖发光器、臀上发光器等。

列在身体的两侧，在黑暗中看去，鱼体每侧有一条淡蓝色的光线，在快速游动时很像一架飞机在海底世界飞行。有的鲨鱼有一对绿色的"眼睛"，那是它们的发光器官，当它向你游来时，犹如在夜间遇上了打开大灯的汽车。

一些深海中的鱼，双眼的视力在黑暗的生活环境里已退化得看不见东西，但是它们的头顶上长着一根发达的背鳍，末端垂挂着一个小灯笼似的发光器官。乌贼发光的"小灯泡"，可以说是世界上最经济的小灯泡，不需充电，可亮数年之久。因为它的发光燃料——发光细菌数目的增长要快于消耗的速度。

耳乌贼大小如同大拇指一般，以小鱼为食。它在夜间发光，光环萦绕着它那小小的身体，在幽暗的大海上游动，犹如天上的繁星。耳乌贼的墨囊上面有一个很大的双耳状囊（耳乌贼由此得名），囊内充满着含有发光细菌的黏液。发光细菌由玻璃状物质小管与海水相通。据科学家推测，耳乌贼发光器官上的小管不仅用于吸收发光细菌，更重要的是，一旦发生危险，可将含有发光细菌的黏液喷出体外，使来犯者眼花缭乱，它就趁机溜之大吉。

2

力学仿生

力学仿生是研究生物体的力学结构及其原理，寻求将其用于技术设计的方法，以创造新型机械设备和建筑结构，或改进飞机、舰船和车辆等。比如，模仿企鹅在雪地上快速滑行的特殊运动方式，制成一种轮式极地越野汽车，在雪地上行驶时速达到 50 千米；模仿袋鼠跳跃运动方式，制成一种采取跳跃方式前进、适宜在凹凸不平的田野或沙漠地带使用的无轮跳跃机。

从飞鸟到飞机

人类发明飞机大约 30 年后，由于飞机速度不断提高，出现了一种"机翼颤振"现象，往往使机翼突然断裂、破碎，造成惨重的飞行事故。过了许久，人们才弄清原因，想出了在机翼末端前缘加金属板的办法，从而有效防止了颤振现象的发生。

其实，生物界早就已经有了类似的抗颤振结构。只要我们仔细观察，就可以发现在蜻蜓等昆虫翅膀的末端前缘长有一个色彩明显的被称作"翅痣"的加厚区。翅痣就是昆虫翅膀的抗颤振结构，倘若人们能够早一点向生物界学习这种抗颤振本领，就不必浪费那么多时日去搜寻设计方案，也不用作那些不必要的牺牲了。许多事实告诉我们，在已经有了现代飞机的今天，人类仍然有必要继续向飞行动物学习，以求进一步完善特殊飞行本领，不断提高飞机的性能，更快地发展航空技术。

例如，对一种长有 4 只翅膀的沙漠蝗虫所进行的风洞实验表明，它的翅膀所做的优美而复杂的"8"字形运动，能够产生惊人的推进效率。这种昆虫可以连续不断地变换翅膀角度及前后翅的相对位置，以便与速度、气压相协调，是一种精巧的自动控制系统。

再如，苍蝇、蚊子、蜜蜂等昆虫还能做出很多

拓展阅读

昆虫风洞实验

一般来说，昆虫化学生态学的风洞实验非常接近于田间情况，利用风洞实验可以模拟昆虫的田间飞翔能力，测量昆虫的飞行周期和飞行的持久性；利用风洞实验还可以研究性信息素浓度对昆虫飞行行为的影响。

飞机都做不到的种种灵活、机动的飞行动作：直向上升、垂直下降、陡然起飞、掉头飞行和定悬空中等。蜻蜓的翅膀是柔软而单薄的，全长约 5 厘米，重仅 0.005 克，但它却有足够的强度和刚度，每秒钟可以扑动 20～40 次，有些种类的蜻蜓每小时飞行可达 100 千米。鸟类和昆虫的飞行还有其他许多优异特性也是现代飞机所无法比拟的，因而工程师在设计新型飞机时尚大有文章可作。

鸟类的"V"形编队

为什么鸟类总是编队高飞远迁呢？因为这非常符合空气动力学的原理。如果有 25 只鸟排成"V"形队列长途迁徙，比起它们各自为政地飞行，要少消耗 30% 的体力。

当鸟朝下扇动双翅时，会在翼梢产生升力。编队中任何一只鸟都可利用这种相邻升力进行滑翔，以节省体内能量。鸟类之所以这样做，并非是懂得什么科学理论，而是根据它们的飞行直觉本能地调整各自所处位置的结果。

当鸟群排成"一"字形飞行时，也能产生相邻升力。但这种编队方式，处于当中的鸟获得的升力要大于处于边上的鸟。在"V"形编队中，分布在各处的鸟获得的升力几乎是均等的，虽然领头鸟面临的阻力要稍大些，但这可由来自两侧的升力加

鸟的"V"形飞行

以补偿；而尾部的鸟获得的升力虽然仅仅来自一侧，但由于汇聚了前面鸟群产生的升力，所以它的升力也是相当强的。

"V"形编队的另一个优点是，两边可以不必对称，即一侧鸟的数量可以多于另一侧鸟的数量。只要每一侧鸟的数量不少于6只，并且互相保持严格的间距，每只鸟就都能获得足够大的升力。

那么，飞机能不能像鸟群一样编队飞行呢？不能。因为鸟类有肉翅，能靠不断地反复调整准确的双翅形状，以求保持大编队中彼此的间距，并充分利用相邻升力。而飞机的机翼无法灵活多变，因此，如果编队的飞机太多，一旦靠得过近，就极易相撞。

昆虫飞行的启示

昆虫的双翅比鸟类先进得多，构造比鸟翼简单，关节活动能力比鸟翼强得多。昆虫不仅在飞行时双翅摆动的幅度大，振动的次数多，而且在栖息时，双翅能够收拢起来，贴在身体后部、侧部或背部。

◎ 长距离飞翔冠军

昆虫之所以能在动物界中占有优越地位，主要是靠了它们的翅膀。蜜蜂如果没有灵巧的翅膀，就不可能每天在花丛之中往返忙碌。

昆虫大部分生活在固定的地方，但是也有很多种昆虫像走兽和候鸟一样，有每年迁徙的习惯，蝗虫与蝴蝶即是如此。某些昆虫在迁徙时，成群结队，其数量可达几百万只。那些成群迁徙的昆虫，遮天蔽日，连续不断地飞过天空，持续时间短则几小时，长则几天，有时甚至长达几星期之久。最令人惊奇的是这些昆虫持久飞行的能力——它们竟能飞过山岭，横越海洋和整个大陆。

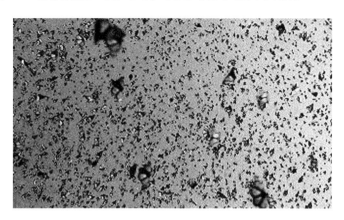

数以万计的蝴蝶迁徙

昆虫迁徙时，一般同种类昆虫在一起飞行，但往往也有不同类的昆虫混杂在一起，同时飞行。有时在迁徙的队伍中，不同类昆虫竟达几十种之多。昆虫中的长距离飞翔冠军，首推斑蝶。斑蝶生活在美洲大陆。每年秋季，美洲大陆北部的一部分斑蝶要迁徙到南方。它们首先渡过辽阔的大西洋，越过亚速尔群岛，然后飞往非洲的撒哈拉大沙漠或者意大利和希腊等地。另一部分则从北美洲朝西南方向作长途飞行。它们飞过浩瀚的太平洋，前往数千千米外的日本，甚至澳大利亚等地。小小的昆虫，怎么能够进行如此遥远的长途飞行呢？它们怎么会有这样大的持久飞行的能量呢？

斑　蝶

实际上，昆虫飞行时并没有费力气，因为它们飞行时并没有摆动翅膀，它们只是张开双翅，让空中的气流把身体托起来，并且巧妙地利用气流变化，进行长途滑翔。虽然人类也能利用滑翔机在空中滑翔，可是滑翔的距离很短，而昆虫在空中滑翔的本领却比人类高明得多。

昆虫在飞行时振动翅膀的速度，也远非鸟类所能比拟。科学家在观察昆虫的飞行以后，发现不同种类的昆虫，振动翅膀的频率各不相同，而且相差极大。例如，双翅类、膜翅类和鞘翅类的昆虫，翅膀振动的频率极高，研究人员利用仪器把它们飞行

拓展阅读

马利筋与黑脉金斑蝶

马利筋是一种多年生直立草本植物，全株有毒。黑脉金斑蝶的幼虫却以马利筋为食，它们通过食用马利筋来保护自己。而马利筋为了保护自己免遭食用，也在不断地加大自身的毒性，反过来又促使黑脉金斑蝶不断提高自身抗毒能力，从而保护自己不受毒性影响。

时的动作拍摄下来，分析后发现了许多意想不到的情况。蝗虫每秒振翅 18 次，比鸟类拍动双翼速度快得多，可是它与其他昆虫相比，还差得很远。雄蜂每秒振翅 110 次，非洲的舌蝇每秒振翅 120 次，普通的苍蝇每秒振翅 180 次，蜜蜂每秒振翅 236 次，雄蚊每秒振翅 100 次，金龟子每秒振翅 587 次。而一种小蚊蚋，其振翅速度竟达 700~1 000 次/秒，真是不可思议的超高速度。

◎ 昆虫飞行的秘密

昆虫在演变的过程中，形成如此神奇的飞行能力，要归功于其控制翅膀的特殊结构。像蝗虫或蜻蜓之类的昆虫，是利用翅膀根部肌肉的伸缩而使翅膀振动，频率较低。像苍蝇、蚊子和蜜蜂之类的昆虫，则利用其胸腔本身肌肉的弹性来振动翅膀，振动的频率要高

得多。

苍蝇和蚊子之类的昆虫，本来都有两对翅膀，但在进化过程中，它们只剩下前面一对翅膀作飞行之用，后面那一对翅膀则已经退化，变成了一对棒状物。这种棒状物在昆虫的飞行中起着极其重要的作用——维持平衡，如果把它们切去，那么昆虫就再也无法飞行，往往还会迅速死亡。

鲸类潜水的启示

鲸类是哺乳动物中的潜水冠军。抹香鲸可潜到 2000 多米的海洋深处，最长可在水下停留 2 个多小时。

目前，人类就是穿上带有水下呼吸设备的最先进的潜水服，下潜深度也只有上百米，时间限制在数十分钟，再深了，人体就受不了过高的压力。但鲸类体内却有一系列与深潜相适应的结构与功能。鲸的气管由肌肉膜隔成一个个腔室，并有软骨锁住的阀门系统，可使胸腹腔、肺气管及其他内脏的内部压力与海水压力维持平衡。

鲸

另外，鲸的血红素含量特别高，抹香鲸的肌肉因此而红得发黑。血红素含量高能结合更多的氧，保持体内供氧充分。鲸在深水中还能减慢心跳，降低血液流速，节约氧消耗。它的大脑呼吸中枢能承受高浓度二氧化碳的积累，而一般陆上动物却无法做到这一点。

鲸类的潜水能力给人类以启示，指明了提高潜水能力的目标和方向。例如，寻找一种药物，增加人类肌肉中血红蛋白的含量以储藏更多的氧，再寻找一种降低呼吸中枢对二氧化碳积累敏感的方法，以减少呼吸次数。同时，为了承受深海高压可模拟一套阀门装置，防止肺中空气被压出，或者穿上保护外衣，这样人类的深潜能力就能大大增强，人类就有可能深入实地去探明海下的秘密。

由昆虫翅膀引出的螺旋桨

大多数昆虫都作螺旋桨式飞行。在昆虫振翅飞行期间，翅膀的冲击角（翅膀平面和空气流所成的角度）在不断地改变。在理想的情况下，如果昆虫固定不动，则其翅膀末端在挥动时能描画出"8"字形曲线或双纽线；

昆虫的翅膀

当昆虫自由飞行时，此曲线展开为正弦曲线。蚊、蝇、黄蜂、蜜蜂等昆虫的飞行便是这样。昆虫翅膀的这种运动，能产生很有效的飞行推进力。它们的神经系统控制着翅膀的倾斜角度，以与飞行速度和气压匹配。这比现在的人造自动驾驶仪还巧妙。

根据对昆虫飞行动力学的研究，许多人在研制昆虫飞机——按昆虫飞行原理飞行的机器。第一架昆虫飞机是一只用塑料做的蜻蜓翅膀模型，装上 2.25 千瓦的发动机，现已成功地飞上天空，这类昆虫飞机完全可以充当飞行器。用无线电操纵的昆虫飞机可以用来进行航空摄影。

在其他技术领域内，也应用了昆虫的飞行原理。例如，给风车安上能像昆虫翅膀那样挥动的桨叶，可以使它具备明显的优点：在低风速情况下仍能正常工作，只有在无风时才停止工作。

海豚的流线型

在交通运输方面，水运因其成本低、载重量大和安全性高被摆在了首位。但由于水的密度比空气大得多，使船速的提高成了科学界的一大难题。目前，一些飞机的速度已超过了音速，火车和汽车的速度也有了大幅度的提高，而船舶的速度却难以提高。因此，提高舰船的航速问题，就有着特别的现实意义。

有人提出了一些发动机设计方案，这些方案在一定程度上模仿了鱼体运动。人们依照鲸类体型改进了轮船的设计，使船的水下部分不再是刀状，而是鲸类形状，大大减小了轮船的阻力。同时，又按海豚的轮廓和比例制造了潜水艇，使航速提高

拓展阅读

海豚和黑猩猩，谁更聪明？

海豚是一类智力发达、非常聪明的动物，它的大脑体积和质量是动物界中数一数二的。科学家对动物的智力有两种不同的见解：一种见解认为，黑猩猩是一切动物中最聪明的；另一种见解却认为，海豚的智力和学习能力与猿差不多，甚至还要高一些，是最聪明的动物。

20% ~25%。海豚能轻而易举地超过快艇，速度之快，简直像鱼雷。毫无疑问，解开海豚的航速之谜，必定会给快速舰船的设计提供参考。

原来，海豚和鲸都有极好的流线型体形。海豚还有特殊的皮肤结构。海豚的皮肤分两层，外层很薄并且富有弹性，里层长着密密麻麻的突起的弹性纤维网，网的空间处充满脂肪。当高速运动的时候，海豚的皮下肌肉做波浪式运动，所有这一切都大大减小了水的阻力。于是，人们模仿海豚皮肤的结构，用橡胶和硅树脂制成了一种"人造海豚皮"。鱼雷表面包上这种"人造海豚皮"，所受到的水的阻力减小 1/2，速度约增加 1 倍。

细胞组织的静体力学

植物表皮的气孔是调节温度的特殊装置。如果进入植物的水分多于蒸发掉的水分，则细胞壁受到的压力增大，气孔口便打开，以蒸发掉更多的水分。若气候干旱，蒸发掉的水分多于进入植物的水分时，气孔则关闭。根据这个原理，人们可以在建筑物墙中留出类似的气孔——通风孔，它的开关将根据室内空气的洁净度、温度和湿度进行自动调节。

细胞内的液体和气体都对细胞壁有一定的压力，它们分别叫作液体静力压和气体静力压，统称为细胞的膨压。如果把植物的嫩茎或叶子折下来，它们过一会儿就会开始变软和枯萎，这与细胞内膨压的降低有关。苹果、葡萄、西红柿以及花瓣、鱼鳔等都可看作是一种气液静力压系统。现在，气液静力压系统在建筑中已得到广泛应用，这种充气或充液结构，可用来建造厂房、仓库、体育馆、剧场、餐厅、旅行帐篷和水下建筑等，对暂时性的建筑尤为方便。这种建筑物的优点是轻便、施工快、好搬运。

气液结构还有一个引人注目的地方，即可用来创造自动调节系统，调节小范围内的气候。例如，在门窗的采光处装上这种系统，天热时里面的气体膨胀，通风口大开，能很好地通风；天冷时，通风口自动关闭，以保存室内的热量。利用同样的原理建造的帐篷可以自动调节太阳辐射：太阳光强时，充气壳自动加厚；太阳光弱时，充气壳则自动变薄。

鲫鱼与吸力锚

在我国南海和非洲沿海生活着一种奇怪的鱼。它身体较长，头部宽而扁，后脑勺上长着一个椭圆形的吸盘，吸盘边缘有齿状褶皱，就像一枚图章，因此人们叫它鲫鱼。鲫鱼常利用头上的特殊吸盘，把自己吸附在鲨鱼、鲸、海豚、海龟甚至轮船船底，然后毫不费力地到处"旅游"。

鲫鱼可以很牢固地吸附在物体上，以致渔民们可以用鲫鱼"钓鱼"。哥伦布发现新大陆时，在古巴就看到当地人用这样的方法捕鱼：在鲫鱼的尾巴上系一根长绳子，然后饲养在用小海湾围成的鱼塘里；当海面上出现鲨鱼或金枪

吸附在其他鱼身上的鲫鱼

49

鱼时，就将鲫鱼放入海中；鲫鱼吸附在鲨鱼或金枪鱼身上时，将绳子拖回，就逮住了鲨鱼或金枪鱼。

鲫鱼的吸盘为什么能牢牢地吸附在附着物上呢？

原来，鲫鱼的吸盘中间有一纵条，将吸盘分隔成两块，每块都规则地排列着22对或24对软质骨板，这些软质骨板可以自由竖起或倒下，周围是一圈富有弹性的皮膜。当吸附在附着物上时，软质骨板就立即竖直，挤出吸盘中的海水，使整个吸盘形成许多真空小室。这样，借助外部大气和水的巨大压力，鲫鱼就牢牢地吸附在附着物上。

科学家从鲫鱼吸盘的原理中得到启发，发明了吸力锚。这种吸力锚对船只停泊、打捞沉船等都很有用。

乌贼与喷水船

乌贼的游泳方式很有特色，素有"海中火箭"之称。它在逃跑或追捕食物时，最快速度可达每秒15米。它靠什么动力获得如此惊人的速度呢？经过长期的观察和研究，人们终于发现了其中的奥秘。在乌贼的尾部长着一个环形孔，海水经过环形孔进入外套膜后，有软骨把孔封住。乌贼运动时，触手紧紧叠在一起，变成很好的流线型。乌贼有两种运动方式：①缓慢运动时，使用大的菱鳍，它以波动的形式周期性弯曲；②快速冲刺时，则利用喷水式运动。水经过尾部的环形孔进入外套膜，然后软骨将孔封住，收缩腹肌便把水从喷嘴射出去。

人们根据乌贼这种巧妙的喷水推进方式，设计制造了一种喷水船。用水泵把水从船头吸进，然后高速从船尾喷出，推动船体飞速向前。采用这种喷水推进装置具有速度快、结构简单、安全可靠等优点。

以往的船舶螺旋桨是在水里转动而产生推动力的，它只能在深水中运用，而喷水船在 1 米深的水中也能畅通无阻。就速

喷水船

度而言，采用喷水推进装置的喷水船可达 30 米/秒。将这种原理用于气垫船，可使其航速达 40 米/秒。喷水推进器在水中的噪音很小，敌方水下探测系统不易侦听，同时对自身携带的声呐的干扰也小，所以采用喷水推进装置的潜艇和鱼雷，对于搜索和接近敌方都极为有利。

啄木鸟啄木与脑震荡

清晨，如果你在树林间散步，可能会听到啄木鸟啄木的声音。啄木鸟啄木是为了寻找隐藏在树干内的昆虫。

人们除了对啄木鸟的啄木、灭虫感兴趣外，对它的啄木行为也有极大的兴趣。一些有经验的侦查人员常用手指或其他工具不断地敲打墙壁，然后听回声，凭他们的经验，就可以判断出墙壁里面是否有夹层，从而果断地凿开墙壁将内藏物搜出。啄木鸟似乎也有这套本领，它们在觅食时，用凿形的嘴不停地敲打树木，从一

啄木鸟

棵树敲打到另一棵树，一旦觉察到异常的回声后，便用嘴迅速啄木，直到啄开树木，然后用它们那具有黏性的舌深入凿开的缝隙内，搜捕昆虫。啄木鸟的头并不太大，那么平时它的长舌又安置在哪里呢？

原来啄木鸟的舌并不太长，但是，它的舌根骨有一条带有弹性的肌腱状组织，平时这条肌腱状物由颚下向上伸展，绕过枕骨，经头顶骨进入右鼻孔，呼吸主要由左鼻孔承担。当啄木鸟要捕捉昆虫时，这条舌根骨就从后脑及下颚向外滑出，这样就可将舌伸至洞内很深的地方，啄木鸟的舌端是角质的，并且带有倒钩，可以将洞内的虫钩出来。尽管啄木鸟的嘴是如此的灵活、壮实，但是，要凿开坚硬的树木没有速度是不行的。人们发现啄木鸟啄木时的速度和频率非常快，这就意味着啄木鸟在啄木时它的脑袋经受的重力加速度也很大。你可以做一个简单的实验，不断地快速点头，没有几下你就会感到头晕眼花，忍受不了。

那么，是什么原因使啄木鸟的脑袋能承受这样大的重力加速度呢？啄木鸟的脑袋的基本结构与其他鸟相比，并没有太大的差异。于是有人认为，啄木鸟啄木时，在如此大的重力加速度的作用下，要做到脑袋不会被震坏，除非啄木鸟的头和嘴不产生丝毫歪斜，不受到丝毫扭曲力。经过研究和各种实验证明，啄木鸟的颈部肌肉特别发达，啄木鸟啄木时，利用头和颈部强壮的肌肉非常协调地运动，以精确地配合动作，致使在整个啄木过程中，啄木鸟的头和嘴的运动轨迹几乎成一条几何直线，这样啄木鸟的脑袋就能避免扭曲力的影响。你见过一些运载蛋类或酒瓶之类易碎物品的箱盒吗？人们在盒子里安装了一个个大小与运载物体相同的格框，将蛋类或酒瓶的前后左右和底部框住，使蛋类或酒瓶不能向前后左右晃动，只能垂直上下地动，这样易碎物品就不容易破碎了。啄木鸟头和颈部发达的肌肉就像运载箱的格框，它能限制住头部，不让其在啄木时左右晃动。

如果啄木鸟的头和嘴以非常小的角度歪斜，那么它的脑袋将被震坏。人们根据啄木鸟避免扭曲力的原理，研制出了一种安全帽，帽内有缚带限制住头部，不使它在受到震动或撞击时产生可能发生的危险性歪斜，从而减少脑震荡。

3

化学仿生

　　生物体内的成千上万种化学反应都是在酶催化下进行的。酶催化反应的特点之一就是高效性，高效性表现为具备强大的催化能力。在自然界中，许多生物体内的化学反应可以被人类借鉴利用，化学仿生学由此产生。化学仿生学的任务之一就是通过从生物体内分离出某种酶之后，研究其化学结构和催化机理，在此基础上设法人工合成这种酶或其类似物，用以实现相应的酶催化反应而制得相应的产品。

动物化学通信的启示

地球上的动物，如果个体之间不能交流寻找食物、逃避敌害和选择配偶等重要信息，它们就不能生存。因此，每种动物都有一套独特的通信方式。动物通信使用的"语言"是多种多样的。有些动物使用的是一种"气味语言"。它们发出的有味化学物质，可以用来标明地点、鉴别同类与敌人、引诱异性、寻找配偶、发出警报或者集合群体。人们称这种利用化学物质传递信息的方式为"化学通信"。但是，负责这项工作的器官，却不都是鼻子。比如，昆虫是用头上的触角来分辨气味的，而海洋哺乳动物鲸则靠舌头来感知气味。

苏联科学家用臭虫做实验。臭虫稍一受压，即散发出臭臭的"芳香质"，剂量不大，但足以使周围的"同胞"不再爬向它所在的地方。如果压得重一点，"芳香质"浓度便增大。这时，附近的臭

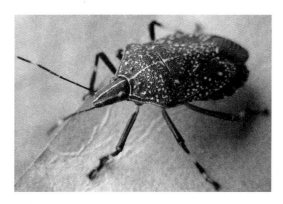

臭　虫

虫就屏息静伏，庆幸自己没有"中枪"。

昆虫用来吸引异性的性信息素是最有效的传信素，这是保证昆虫延续后代的重要手段之一，一般多是被动的雌性分泌散发的。借助于性信息素，雄舞毒蛾能被 0.5 千米外的雌蛾所吸引；雄蚕蛾则

可找到 2.5 千米以外的雌蛾。而天蚕蛾、枯叶蛾的雄蛾，则能被 4 千米以外的雌蛾引诱去进行交配。性信息素是一种极其微量的化学物质，一只雌舞毒蛾仅能分泌 0.1 微克，但这已足够引诱来 100 万只雄蛾。由此可见，雄虫的性信息素接收器是极其灵敏的。雄虫的接收器就是触角上的嗅觉感受器。

经过多年的研究，人们终于搞清了家蚕蛾、舞毒蛾、棉铃虫等昆虫性信息素的结构，并人工合成了多种人造性信息素。这就给人类提供了一种新型捕杀害虫的有效方法。只要把一种昆虫的人造性信息素置于涂有虫胶的捕虫器中，这种昆虫的雄虫便会兴冲冲地"自投罗网"。还可采用一种扰乱法来消灭害虫，就是将人工性信息素充满有害虫危害地域的空气中，雄虫便无法辨别单个雌虫放出的性信息素了。雄虫找不到雌虫交配，害虫也就"断子绝孙"了。用这些办法防治害虫，可以避免长期使用化学杀虫剂（农药）所引起的许多不良后果。

动物淡化器与海水淡化

地球上的水资源并不少，海洋面积约占地球总面积的 71%，陆地面积仅占约 29%，而且其中还包括了许多江、河、湖、泊、溪、涧等。地球上的水约 97% 是海水，海水中溶解有复杂的化学成分。海水苦涩，难以下咽，所以在远航中必须带足淡水。由于海水含有大量的盐类，就连用来灌溉农作物也不行。因此，很多生物体能直接利用的是淡水。淡水主要来自江、河、湖、泊、地下水、高山积雪和冰川等，仅占全球总量的 2.8%。随着现代工业、农业的飞快发展和人类生活用水量的日益增加，如果不节约用水，肆意破坏水资源，那么只会加重地球上的淡水危机。为了缓解这种局面，人们首先想到了海水淡化，设法将海水变为淡水。世界上许多国家都建立了海水淡化工厂。淡化海水的传统方法是蒸馏法。蒸馏法使海水急速蒸发，蒸发产生的水蒸气冷凝后得到淡水。人们从一些动物中得到启示，找到了其他的淡化海水的方法。

有一种海鸟叫信天翁，主要分布于太平洋，冬季也可见于我国东北及沿海各地。成年的信天翁全身纯白，仅翼端及尾端呈褐色，翅膀很长。它们能一连数月，甚至常年在海上生活，累了在水面上歇息，饿了捕食海中的鱼，渴了就喝海水，只有在繁殖的时候才返回荒岛和陆地，非繁殖期四处游荡。信天翁能喝海水引起了人们的注意，人们急于了解它们是怎样解决海水中的盐分问题的。经过研究，人们发现信天翁的鼻部构造与其他鸟类不同，它的鼻孔像管道，所以称为管鼻类。鼻管附近有去盐腺，这是一种奇妙的海水淡化器，去盐腺内有许多细管与血管交织在一起，能把喝下去的海水中过多的盐分隔离，并通过鼻管把盐溶液排出。后来，人们相继发现许多海洋动物都有淡化海水的本领，如海燕、海鸥、海龟、海水鱼等。

信天翁

海水鱼终生生活在海水里，喝的当然也是海水，而且全身都浸没在海水中，它们又是如何解决海水中的盐分问题的呢？人们当然也不会放过对这一问题的研究。水生动物的体表通常是可渗透的，鱼体内的渗透压和水环境的渗透压差别很大，鱼类与体外水环境的水分动态平衡是通过渗透压调节和体液中盐分含量的渗透作用调节来维持的。

海水含盐量高，海水硬骨鱼的血液和体液的浓度比海水要低，因此其体内水分就会不断地从鳃和身体表面渗出，为的是保持体内水分代谢的动态平衡。一方面，海水硬骨鱼必须大量吞饮海水，这样体内盐分就会增加。那么，又如何解决这个矛盾呢？海水硬骨鱼的鳃部有一种特殊的能分泌盐类的细胞，把过多的盐分排出体外。另一方面，海水硬骨鱼肾脏的肾小球的数量很少，肾小管重新吸收水的能力强，从而使排尿量减少到最低限度。

知识小链接

硬骨鱼

硬骨鱼是水域中高度发展的脊椎动物，广泛分布于海洋、河流、湖泊各处。其类型之复杂、种类之繁多可为脊椎动物之冠。硬骨鱼的主要特点在于骨骼的高度骨化，头骨、脊柱、附肢骨等内骨骼骨化，鳞片也骨化了。

就现有的研究材料来看，这些海洋动物虽然有各自的海水淡化器官，能把喝进去的海水盐分排出体外，但是这些淡化器官基本上都是用细胞的半渗透膜来脱盐淡化海水的，如口腔膜、内腔膜、表皮膜和鳃微血管膜等，这些膜通常被称为生物膜。它们喝进海水后，首先在口腔内通过吸气对腔内不断加压，压力差使一部分水渗过黏膜进入体内，而大部分盐则被阻隔在口腔内，随水流经鳃裂或排泄道排出体外。人们根据这个原理，研制出反渗透膜海水脱盐淡化装置，对海水施加大于渗透压的压力，使海水中水分通过渗透膜，而盐分则被隔在外面，从而得到淡水。

生活在海洋中的动物，总有一些海水中的盐分会进入其机体内，一些海洋动物通过泌盐细胞的特殊功能，以自身微弱的生物电形成电磁场，把海水中的盐类如氯化钠的两种电离子分离，在电场的作用下，将离子渗出膜外，而将水分留在机体内。人们根据这个原理，研制出电渗析膜海水淡化器，在直流电场作用下，使海水中的盐类分解成正、负离子，使它们分别通过阳极渗透膜和阴极渗透膜向正极和负极运动，然后收集留在两渗透膜中间的淡水。

乌贼与烟幕弹

乌贼有施放烟幕弹的杀手锏。原来，在乌贼体内长有一个墨囊，里面贮满了浓黑的墨汁。每当它突遇强敌、无法逃脱之时，就立刻喷出一股浓墨，把周围的海水染成一片漆黑，自己再趁机溜之大吉。

乌贼的这一招启迪了人们。在现代海战中，交战双方为了掩护己方舰船的进攻或撤退，就经常施放烟幕弹。

萤火虫与照明光源

萤火虫会发光，很多人都知道。萤火虫发光是为了照明吗？不是，它发光是为了吸引异性。停在叶片上的雌萤火虫见到飞过的雄萤火虫发出的荧光后，会立即放出断续的闪光，雄萤火虫见了就会

59

朝它飞去。

爱迪生发明了电灯，取代了用火照明。电灯无烟，能产生光亮而且安全。但是，当你靠近点亮的电灯泡时，就会感觉到热，愈是接近电灯泡愈觉得热，这说明电只有使灯泡的钨丝烧热才能发光，而且大部分能量都以红外线形式转变成热散发了。

生物光是目前已知唯一不产生热的光源，因此也叫"冷光源"，其发光效率可达100%，全部能量都用在发光上，没有把能量消耗在热或其他无用的辐射上，这是其他光源办不到的。

人们研究生物光至今，虽然对生物发光的机制还了解得不多，但就现有的研究和了解，已取得一定的成果。通过对萤火虫的研究发现，已知萤火虫有2 000多种，各自发出不同的光作为自己特有的求偶信号，不同种之间不会产生误会。萤火虫的发光部位是腹部，腹部的表皮透明，好像一扇玻璃小窗，有一个虹膜状的结构可控制光量，"小窗"下面是含有数千个发光细胞的发光层，其后是一层反光细胞，再后一层是色素层，可防止光线进入体内。发光细胞是一种腺细胞，能分泌一种液体，内含两种含磷的化合物：一种是耐高热、易被氧化的物质，叫荧光素；另一种不耐高热的结晶蛋白叫荧光素酶，在发光过程中起着催化作用。在荧光素酶的参与下，荧光素与氧化合就发出荧光，氧是从发光层的血管进入发光细胞的。由于血管随着它周围肌肉收缩而收缩，当血液中断供应时，氧就不能到达发光细胞，荧光也随之熄灭。

生物发光需要氧是英国化学家波义耳在实验时发现的。波义耳将装有发光细菌的瓶中的空气抽出，细菌立即停止发光；将空气重新注入瓶中，细菌又马上发光，后来他才知道这是空气中含氧所致。发光反应所需的能量来自一种高能化合物，叫三磷酸腺苷。美国的研究人员发现，将萤火虫的发光细胞层取下，制成粉末，将它弄湿就会发出淡黄色的荧光；当荧光熄灭时，若加入三磷酸腺苷溶液，荧光又会立即重现，这说明粉末中的荧光素可被三磷酸腺苷激活。因此，萤火虫每次发光，是荧光素与三磷酸腺苷相互作用而不断被重新激活。

生物发光和光合作用都是电子传递现象。有人认为生物发光是光合作用的逆反应。光合作用是绿色植物吸取环境中的二氧化碳和水分，在叶绿体中利用太阳光能合成碳水化合物，同时放出氧气。光能从水分子上释放电子，

波义耳

并把电子加到二氧化碳上，产生碳水化合物，这是一个还原过程。光合作用把光能转变成化学能。而生物发光是电子从荧光素分子上脱落下来与氧化合，形成水，产生光。生物发光是将化学能转变成光能。

人们研究生物光是为了利用它，这种冷光源效能高，效率大，不发热，不产生其他辐射，不会燃烧，不产生磁场，对于手术室、实验室、易燃物品库房、矿井以及水下作业等来说，都是一种安全可靠的理想照明光源。人们还可以设法模仿发光生物把一种形式的能量转换成另一种形式的能量，制造冷光板，使其不需要复杂的电路和电力就能在白天吸收太阳光，到晚上再将光能放出来。

人们已经从发光生物中分离出纯荧光素和荧光素酶，能人工合

成荧光素，这使人类模仿生物发光创造出一种新的高效光源——冷光源成为可能。但是，人们对生物发光的认识还很肤浅。就拿研究得较多的萤火虫来说，萤火虫发光是为了交配，然而萤火虫的卵刚产下时，内部也发着光，萤火虫幼虫也会发光，这是怎么回事？它们是怎样发光的？人们都还不了解。因此，人类对生物发光研究得越清楚，对于创造这种新光源必然会越有利。

蚕与人造丝

丝绸是一种比较名贵的织物，中国是丝绸的故乡。直到现在，人们还常常把丝绸同中国的古老文明连在一起。

在古时候，只有富人才穿得起丝绸，它也因此成了身份和地位的象征。

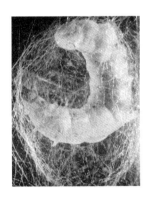

蚕结茧

以前的丝绸是用蚕吐出的丝做成的。人们经过研究发现，蚕丝是一种蛋白纤维。蚕吐出丝，结成茧，人们把茧经过处理，抽出丝，然后就能织出衣料。随着时间的推移，天然的蚕丝越来越不能满足人们的生产需求。于是，人们便想：能不能模仿蚕吐丝用人工的方法生产"蚕丝"呢？

丝　绸

纺织纤维

纺织纤维是指用来纺织布的纤维，具有弹性大、形变小、强度高等特点。纺织纤维分为天然纤维和化学纤维两种。天然纤维根据来源分为植物纤维、动物纤维和矿物纤维。化学纤维分为人造纤维、合成纤维和无机纤维。

1855年，瑞士化学家奥蒂玛斯用硝化纤维溶液成功地制取出纤维。1884年，法国化学家夏尔多内将硝酸纤维素溶解在乙醇或乙醚中制成黏稠液，再通过细管吹到空气中凝固而成细丝。1933年，人们开始生产蛋白质纤维。

人造纤维的生产，为纺织业提供了大量原料。1942年，世界人造纤维产量超过了真丝的产量。现在，我们见到的那些五光十色的丝绸，大部分都是人造纤维。如今的丝绸，已经普遍进入平常人家。

蜘蛛丝与军事装备

蜘蛛织网的技能很高，而且织成的网结构合理、形状多样，有三角形、八卦状、漏斗形、圆币形、不规则图形等。蜘蛛按一种高级几何曲线对数螺线的无穷曲线形式织网。斑点金蛛能织出比自行车车轮还大的巨大圆网。危地马拉有一种蜘蛛，总是几十只汇聚在一起集体吐丝，织出硕大的网。这种网有美丽的图案，而且还能抗风抵雨，不易损坏。当地居民竞相用这种蛛网来做窗帘。

对数螺线

知识小链接

对数螺线是一根没有尽头的螺线，它永远向着极绕，越绕越靠近极，但又永远不能到达极。据说，使用最精密的仪器也看不到一根完全的对数螺线，这种图形只存在科学家的假想中。

美国马萨诸塞州研究中心的军事科学家和分子生物学家们经过深入研究，发现了蛛丝的不少奥秘。首先，蛛丝的延伸力很好。世界上流行的防弹衣使用的凯夫拉纤维，其延伸力超过 4% 时就会断裂，而蛛丝延伸到 14% 还安然无恙，超过 15% 才会断裂。蛛丝这种极强的延伸力，对于来自子弹的外力冲击能起到很好的缓冲作用。因此，它是一种理想的防弹服装的材料。蛛丝的另一大特点是它的玻璃化转变温度极低。实验证明，蛛丝在 −60 ~ −50℃ 的低温下才出现玻璃化状态，开始变脆。而现行的大多数聚合物的玻璃化转变温度只有零下十几摄氏度。蛛丝的这一特性使其制作的降落伞、防弹衣和其他装备，即使在冰点以下的环境里仍具有良好的弹性；在骤然而至的重物袭击下，依然有极佳的承受能力。

高效率的催化剂

生物的活细胞是天然的化工厂。生物在进化过程中，获得了能有效地合成生命运动所必需的一切有机物的惊人本领。

生物的活细胞是一个"反应堆"。在细胞中，可同时发生几千个化学反应，而且这些反应的完成速度极快。例如，由缬氨酸开始，合成一条由 150 个氨基酸组成的肽链仅需 1 分钟。尤其惊人的是，这些反应只需要在常温、常压下就能完成。相比之下，现代的化学合成技术是何等"笨拙"，不但必须在高温和几百个标准大气压下才能反应，而且最多只能同时进行几十个反应。

二者的差别为什么会这么大？最根本的原因就在于，在活细胞的化学反应中，起着支配和调节作用的是生物酶。据估计，一个活细胞中往往含有几千种生物酶，它们的催化效率比化学工业上应用的无机催化剂要高得多，而且有很强的选择性，一种酶仅仅催化一种特定的反应，并且往往只是一个反应，这也大大加强了生物酶的催化作用。因此，人们正在努力寻找把酶反应应用到化学工业和化学分析中去的有效方法。但是，生物活细胞中酶的含量极少，要提取和纯化它们是十分困难的。因此，要在化学工业和化学分析中广泛采用生物酶去催化化学反应几乎是不可能的，而人工模拟合成生物酶，则是一种可行的途径。

不过，生物酶本身是一种蛋白质，是由一连串氨基酸组成的。其化学结构远比无机催化剂复杂，因而要用非生物化学方法严格地模拟酶也相当困难。经过进一步研究，人们发现在酶的蛋白质链中，不是所有的氨基酸分子都具有同样重要的作用，起催化剂作用的只是其中的活性点的那一部分。因此，研究酶的活性点的结构是模拟生物酶的一个重要途径。

知识小链接

蛋白质

蛋白质是由多种氨基酸分子组成的高分子化合物，是生物体内含量最多的一类化合物。蛋白质被誉为生命的基础，有生命的地方，就有蛋白质。

目前，在石油工业、化学反应工业的生产过程中都广泛采用了催化剂。催化剂能够使一些化学反应的速度加快，而它们本身在化学反应结束后却没有什么损耗，也不发生化学变化，这种能使化学反应加快的本领是催化剂的一个特点，称为"活性"。催化剂的活性越高，被它催化的化学反应速度就越快。催化剂的活性是个很复杂的问题，许多原因现在还不是很清楚。

化学武器的诞生

化学武器自问世以来，曾给一些国家带来灾难，使无数人在化学战中丧生。因此，它遭到了全世界爱好和平的人们的强烈反对，国际公约也明确禁止在战争中使用化学武器。但一些国家仍在不断地研究和生产。化学武器是怎样诞生的呢？这还得从一种名叫气步甲的小虫谈起。

气步甲的肚子里有一个能进行化学反应的反应室。反应室一端通向肛门，另一端有两个管道，分别通向体内的两个腺体。这两个腺体一个生产对苯二酚，另一个生产过氧化氢。平时这两种化学物质分别贮存，不会相互接触。一旦遇到敌害，气步甲便猛地收缩肌肉，把这两种物质压入前面的反应室。在反应室里，过氧化氢酶使过氧化氢分解，放出氧分子；在过氧化氢酶的作用下，对苯二酚被氧化成苯醌。反应放出大量的热，在气体压力下喷射出来的苯醌达到了沸点，就会发生爆炸并形成一团烟雾，从而吓退各种敌人。

还有一种小动物的技术比气步甲更高一筹，它将在它的反应室里分解成的氢氰酸和苯甲酸，以蒸气形式喷射出去，一次喷的氢氰酸足以将几只老鼠毒死。

在自然界里，使用"化学武器"防御敌害的小动物还不少。它们与气步甲的防卫原理一样，产生出醋酸、蚁酸、氢氰酸、柠檬酸等，对敌实施攻击或防御。

化学仿生

知识小链接

化学武器

化学武器是以毒剂的毒害作用杀伤有生力量的各种武器、器材的总称，是一种大规模杀伤性武器。化学武器是在第一次世界大战期间逐步形成并投入使用的。

化学武器作为一种人类相互残杀的工具是应当被禁止的，小动物给我们的启示并非只能制造化学武器。例如，火箭里的液态氢和液态氧也是分别存放的，它们有管道通向反应室，点燃火箭后，将液氧、液氢压到反应室，液氢和液氧发生剧烈的化学反应，生成水和大量的热。水在这种高温下变成水蒸气猛烈地从尾喷管喷出去，产生强大的反作用力，推动火箭前进。

生物膜的模拟

生物膜是指包围整个细胞的外膜。对于真核生物来说还包括处于细胞内具有各种特定功能的细胞器的膜，如细胞核膜、线粒体膜、内质网膜等。生物膜是生物细胞的重要组成成分，它具有复杂的细微结构和各种独特的功能。

知识小链接

真核生物

真核生物是由真核细胞（细胞内遗传物质有核被膜所包围的细胞）构成的生物，具有细胞核和其他细胞器。所有的真核生物都是由一个类似于细胞核的细胞（胚、孢子等）发育出来的，包括除病毒和原核生物之外的所有生物。

真核细胞的生物膜占细胞干重的 50% ～70% ，它作为一种结构为细胞提供了细胞内的支撑骨架，使酶和其他物质有秩序地排列在细胞内外的"骨架"上，因而保证了细胞内有条不紊地进行成百上千的各种反应，保证了生命活动的正常进行。

生物膜的构造是非常复杂的，它的成分主要是蛋白质和脂类物质，此外还有少量的糖、核酸和水。其中，脂类物质决定膜的形态，蛋白质则赋予膜的特殊功能。

蛋白质与脂类物质的比例在不同的细胞膜中是不同的，对于功能复杂的膜，其蛋白质的含量则比较高。

构成膜内脂类的主要成分是磷脂，它是一个两性分子。每一个磷脂分子由极性部分和非极性部分组成。生物膜中的磷脂呈双分子层平行排列，极性部分排列于双分子层的外表面，非极性部分朝着膜的内部，这就形成了膜的基本结构。蛋白质和酶等生物大分子主要结合在膜的表面上或者由膜的外侧伸入膜的中部，有的甚至可以从膜的一侧穿透两层磷脂分子而暴露于膜的另一侧。在暴露于膜外侧的蛋白质分子上有时还带有糖类物质。这些蛋白质、酶和糖类物质在生物膜上的位置并非固定不变，而是处于一种不断运动的状态。膜的各项生理功能主要是由蛋白质、酶、糖类所决定的。

从目前人们对于生物膜基本结构的了解来看，细胞膜被认为是具有疏水性的膜蛋白与不连续的脂双层的镶嵌结构。水溶性的物质如金属离子、糖类、氨基酸等不易透过细胞膜，但是活着的正常细胞，水溶性的小分子物质仍然可以穿过细胞膜。

细胞对某种物质所具有的浓缩功能，使某物质在细胞内的含量远远超过细胞外的数量，这种物质被输送到膜内是逆着浓度差进行的。这类输送过程被称为主动运输，而且要消耗代谢能量。如果在主动运输过程中停止能量的供应，主动运输就变成被动运输，将膜内高浓度的物质顺着浓度差的方向输送至细胞外，直至被输送的物质在细胞内外的浓度相等为止。

总之，膜的选择性输送功能主要是通过膜上的载体蛋白的作用实现的，载体蛋白使膜的渗透率提高，且有高度的选择性。具有选择透过性是生物膜的一个特性，这使细胞能接受或拒绝、保留（浓缩）或排出某种物质。

人工模拟生物膜输送物质的功能，把载体应用于化学分离，由此而产生的一种新的分离技术——液膜分离技术，为化学工业实现高速、专一分离目的开辟了一条新途径。人们可以根据不同的分离对象而设计不同的在液膜中进行的平衡反应。而对于生物膜化学模拟工作的广泛开展也将推动对生物膜的深入研究。

生物体内的魔术师——酶

生物体内有一种奇妙的蛋白质叫作酶，酶是一种催化剂。生物体内发生的一切化学反应都是在酶的催化作用之下实现的。

催化剂能促进化学变化，但是在化学变化的前后，它本身的量和化学性质并不改变。酶在生物体内也能起促进化学变化的作用，所以它又可以被叫作生物催化剂。

"酶"字的右边是"每"字，"每"种生物、"每"个器官、"每"个细胞里都有酶；生物体内的"每"种生化反应都

拓展阅读

酶最适温度

一般来说，动物体内的酶的最适温度在 $35 \sim 40℃$，植物体内的酶的最适温度在 $40 \sim 50℃$；细菌和真菌体内的酶的最适温度差别较大，有的酶的最适温度可高达 $70℃$。

需要酶。酶的品种很多，它们分工严格，专一性很强，一种酶只能催化一种反应，就像一把钥匙只能开一把锁一样。

科学家们研究酶的秘密，想要造出一种具有酶的功能而又比酶稳定的人工催化剂。有人成功地用人工的方法造出了硫酸酯酶。这种酶的本领比天然的硫酸酯酶还要大。后来，又有人用人工方法成功地造出了过氧化氢酶和血红蛋白。血红蛋白可以用于人工肺中，以挽救垂危的病人，也可以给长跑运动员、潜水员带来方便。

有一种酶叫固氮酶，模拟这种酶现在已经成为农业科学的重要课题。各种庄稼在生长过程中都需要大量的氮肥，空气中本来就有大量的氮，可惜大部分庄稼都不能从空气中直接吸收，需要人工施肥。但是大豆、花生等豆科植物却能从空气中直接吸收氮，这是因为它们的根部有大批根瘤菌，根瘤菌里的固氮酶能利用空气中的氮合成氨，供植物吸收。

固氮酶很早就被人发现了，但是要人工造出这种酶很不容易，科学家们经过几十年的努力，才制成了有固氮本领的模拟酶。它们在室温（一般指 15 ~ 25℃ 的温度）和常压下，几秒钟内就可以使空气中的氮和水中的氢直接结合成联氨，联氨经过加温以后可以释放出氨，供植物吸收。氨是植物的"粮食"，也是化学工业的基本原料。当人们能够大量生产固氮酶的时候，氨的产量也会大大增加。

奇妙的化学反应

人们曾把草藤栽在绝对纯净的蒸馏水中，除了加入少量的钙盐作为养料之外，草藤的生长几乎不与外界发生物质交换。但经过一个多月的时间之后，发现草藤中的磷元素比原来减少了，而钾元素却增加了 1/10 左右。

这是什么缘故呢？这种能将一种元素转化为另一种元素的奇妙本领，常常使科学家们感到惊奇。因为迄今为止，科学工作者只能利用原子反应堆或回旋加速器等复杂的设备，才能使一种元素转化为另一种元素。但植物却不同，它们能在常温、常压下，轻而易举地完成这项艰巨的工作。

知识小链接

原子反应堆

原子反应堆，又叫核反应堆或反应堆，是装配了核燃料以实现大规模可控制裂变链式反应的装置。

植物非凡的化学本领还表现在其他的许多方面，如非生命物质向生命物质转换的过程。绿色植物就是一个天然的有机化学工厂，它们能吸收外界的无机物质，并把无机物质转化为有机物质，制造出各种供人和动物食用的果实、香料、药物、燃料、染料等。除此之外，一些植物还具有能合成蛋白质的本领。

机体最基本的功能是进行新陈代谢，这个过程能不断地产生新的细胞和组织，以取代衰老无用的细胞和组织。在这整个过程中，生物的活细胞就具有合成生命活动所必需的一切有机物质的非凡本领。例如，号称人体化工厂和仓库的肝脏，它不仅是机体内三大营养物质——碳水化合物、蛋白质和脂肪的制造者，而且还具有解毒、生成维生素 A、调节水和盐的代谢、贮藏血液等功能。

4

定向导航仿生

　　候鸟每年不远万里从南飞到北，又从北飞到南，无论是白天还是黑夜，从不迷失方向；一些昆虫每年都要跨越大陆和海洋，到数千里之外的地方过冬，从不迷失方向；鱼类也有类似的神奇功能。其中的秘密就在于它们拥有一套神奇的定向导航系统，正是这些神奇的定向导航系统才让它们无论是在白天还是黑夜，也无论是在苍茫大海，还是在茫茫戈壁，都能准确找到前行的方向。通过对这些定向导航系统的研究，人类开发出了很多具有定向导航的设备，并应用于多个领域。

动物远程导航的启示

候鸟南来北往，沿着一定的路线飞行。科学家用雷达观察，发现在夜里飞行的候鸟比在白天飞行的多得多。这很奇怪，难道夜里比白天更容易识别方向吗？人们因而想到，也许有的候鸟是靠星星来认路的。为了证明这种猜想，科学家对北极的白喉莺进行了实验。这种鸟每年秋天从巴尔干半岛向东南飞，越过地中海，到达非洲，再沿着尼罗河向南飞，飞到它的上游去过冬。白喉莺主要在夜间飞行。

基本小知识

候鸟的迁徙

候鸟是指随着季节变化而变更栖居地区的鸟类。夏天在纬度较高的温带地区繁殖，冬天在纬度较低的热带地区过冬，翌年春季又往北返的种类，对这一地区来说是"夏候鸟"。夏季在北方繁殖，秋季飞临某一地区越冬的种类，对这一地区来说是"冬候鸟"。

科学家把白喉莺装在笼子里，带进了天象馆里，那里有人造的星空。当天象馆的圆顶上映现出北极秋季夜空的时候，站在笼子里的白喉莺便把头转向东南，就是它在秋季迁徙的方向。然后研究人员根据白喉莺飞行的方向逐渐改变人造星空的位置，白喉莺也随着星象的变化调整它飞行的方向，使自己始终朝着所要迁徙的方向。

这个实验证明，白喉莺能根据它看到的天空里的星星，来辨别自己的方向。人们还发现，在大海中洄游的生物也有这种本领。鱼类和海龟迁徙的准确性也不逊色于鸟类。一种鳗鱼从内河游入波罗的海，横过北海和大西洋，而后便准确地到达百慕大和巴哈马群岛附近产卵。生活在巴西沿海的绿海龟，每年3月便成群结队地游向2 200千米之外的产卵地——大西洋中的阿森松岛，在岛上产卵后，6月又游回巴西沿海。

候鸟迁徙

动物这种远程导航的奇异本领，以及它们精巧的天然导航仪，长时间以来一直吸引着许多科研工作者。人们逐渐弄清楚，许多动物体内都有精确计算时间的"生物时钟"，可以根据时间确定太阳或星星的方位，因而能够利用太阳或星星作为定向标；而一些种类的动物则可利用海流、海水化学成分、地磁场、重力场等进行导航。

人类早就知道在航行中利用星星来辨别方向了，然而利用眼睛识别星星的本领，比起那些动物来差多了。所以人们设计了一种由光敏元件、电子计算机和操纵机构组成的导航仪。光敏元件就像眼睛，它能够一直瞄准星星，当星光偏离预定航线时，"眼睛"就会向电子计算机报告，电子计算机马上就能计算出应当校正的误差，命令操纵机构自动调整航向。

昆虫隐身术的启示

昆虫的隐身术是相当高明的。一只蝴蝶落到花朵上，看上去像是为花朵增加了一片花瓣；苹果树上的蜘蛛从不结网，只是静静地躲在花上，变成与花一样的颜色，轻而易举地捕捉前来栖息的昆虫。

蟮

在军事领域中，也有类似的隐身技术。如侦察中的化装术和通讯中的干扰术，飞机和导弹的隐身术等，都是隐身技术。不过，这里的"隐"字，不是对眼睛而言的，而是对雷达、声波等探测系统而言的。

军用飞行器的主要威胁是雷达和红外探测器。用什么办法对付这种威胁呢？科学家们经过刻苦的研究，发明了隐形材料。隐形材料是指那些既不反射雷达波，又能够起到隐形效果的电磁波吸收材料。它是一种用铁氧体和绝缘体烧结成的复合材料，是由很小的颗粒状物体构成的。电磁波碰到它以后，就在小颗粒之间形成多次不规则的反射，转化成热能被吸收了。这样，雷达就收不到反射波，也就发现不了飞行器。

到20世纪80年代初，神秘的飞行器隐身技术有了新的突破。

1983 年底，日本防卫厅宣布，它与美国国防部合作研制出了一种雷达发现不了的新导弹。这种新导弹上面涂有含有特殊合金的铁酸盐涂料，它可把雷达的电磁波迅速转化成热能。目前，先进技术轰炸机和实用的隐身巡航导弹、隐身飞机等都已问世。

昆虫导航的启示

在自然界中，有一些昆虫每年都要跨越大陆和海洋，到数千里外的地方去过冬。它们除了具有惊人的长距离飞行本领以外，还能在茫茫大海上空不迷失方向，准确地向目的地前进。这究竟是怎么回事呢？另外，蜜蜂离巢到很远的地方去寻找蜜源，尽管它们在花丛中反复迂回穿行，但仍能准确无误地飞回自己的蜂巢，这又是什么原因呢？研究表明，某些昆虫之所以能辨别方向，似乎与太阳方位关系不大，因为长途迁徙的昆虫，即使在黑夜中也在继续向目的地的方向飞行。其真正的原因，是由于这些昆虫身上含有氧化铁，虽然氧化铁的含量极微，但它足以感受到地球磁场的变化。

昆虫在千万年的进化过程中，逐渐形成这种奇妙的飞行能力，这是大自然的一种奇迹。研究仿生学的科学家们，也许有朝一日将从昆虫的飞行中，获得更多有益的启示。

昆虫楫翅的启示

苍蝇等双翅目昆虫后翅的痕迹器官——楫翅，不但能使昆虫不用跑道而直接起飞，而且能使昆虫保持航向，因此又被称为平衡棒。昆虫飞行时，楫翅以 330 次/秒的频率不停地振动着。当虫体倾斜、俯仰或偏离航向时，楫翅振动平面的变化被其基部的感受器所感觉。昆虫的大脑分析了这一偏离的信号后，便向一定部位的肌肉组织发出指令去纠正偏离的航向。

人们根据昆虫楫翅的导航原理，成功研制了一种振动陀螺仪。它的主要组成部件形似一个双臂音叉，通过中柱固定在基座上。音叉两臂的四周装有电磁铁，使其产生固定振幅和频率的振动，以模拟昆虫楫翅的陀螺效应。当航向偏离时，音叉基座随之旋转，致使中柱产生扭转振

楫　翅

动，中柱上的弹性杆亦随之振动，并将这一振动转变成一定的电信号传送给转向舵。于是，航向便被纠正了。

由于这种振动陀螺仪没有普通惯性导航仪的那种高速旋转的转子，因而体积大大缩小。受到这类生物导航原理的启示，人们逐渐发展了陀螺的新概念，还制成了高精度的小型振弦角速率陀螺和振动梁角速度陀螺。这些新型导航仪现已用于高速飞行的火箭和飞机，使其能自动停止危险的翻滚飞行，自动平衡各种程度的倾斜，可靠地保障了飞行的稳定性。

由鱼类推出的声呐系统

海豚的声呐系统是动物界的典范，它的大脑听觉区域的组织很

复杂，由耳发出的听神经也很粗大。海豚用超声波探测较远距离的目标，以避开暗礁和船只；用短的超声波探测近距离物体和觅食。当海豚朝向看不见的目标时，往往压低或抬高头部，这大概能帮助它用超声波探索物体，使它能更有效地捕捉到它们。海豚声呐定位系统的这些优点，正是声呐的研制者们所要努力借鉴的对象。

人们利用鱼类这种发出和接受超声波的特性，创造了简单又有效的声学渔具——拟饵钩。把两片凸形金属或塑料薄板固定成比目鱼形状，中间安装一个回形管。当"比目鱼"在水中迅速游动时，通过回形管的水流产生超声波，便可诱来凶猛的鱼类。

夜蛾的启示

炎夏之夜，万籁俱寂，一场无声的"空战"正在十分激烈地进行：号称"活雷达"的蝙蝠跟踪着夜蛾，步步逼近。只见蝙蝠张开了嘴巴，夜蛾危在旦夕……就在这千钧一发之际，夜蛾连翻几个筋斗，收起了翅膀，落到地上，它竟然"虎口"逃生了！

基本小知识

夜 蛾

夜蛾是鳞翅目夜蛾科的通称，全世界约有 2 万种以上。成虫口器发达，下唇须有钩形、镰形、锥形、三角形等多种形状，少数种类下唇须极长，可上弯达胸背。喙发达，静止时卷曲，只有少数种类的喙退化。复眼半球形，少数肾形。触角有线形、锯齿形、栉形等。额光滑或有突起。大部分在夜间活动，多为农业害虫。

众所周知，蝙蝠有着精巧的超声波定位系统，因此可以十分准确地捕食昆虫。有时，它在 1 分钟之内能捕食到十几只蚊子，真令人拍案叫绝。但是，夜蛾为什么能够在蝙蝠的追踪下死里逃生呢？原来，夜蛾具有一套精妙的反声呐系统，这使它足以对抗蝙蝠的侵袭。在夜蛾的胸腹之间有一个特殊的听觉器官，叫作鼓膜器，可以接收蝙蝠发出的超声波。当它接收到蝙蝠发出的超声波时，就可以及时逃避。要是鼓膜神经脉冲达到饱和频率，则说明蝙蝠已经逼近，情况万分危急。这时，夜蛾就翻筋斗、转圈子、曲折飞行等，以逃避敌人的追袭。

夜蛾对抗蝙蝠的"法宝"还不止这一个。它的足关节上有个振动器，能发出一连串的超声波，干扰蝙蝠。有些夜蛾身上长着一层厚厚的绒毛，能吸收超声波，使蝙蝠收不到足够的回声，从而大大减弱了蝙蝠"雷达"的作用。

夜　蛾

夜蛾的反探测系统如此精致、巧妙，为武器设计者打开了新思路。

导弹红外跟踪术

在美洲、澳大利亚、非洲的某些地区，人们常会听到一种"嘎啦嘎啦"的声音，没有经验的人以为这是溪水发出来的流水声，可是在这声音的四周，却没有小溪。原来这不是什么流水声，而是一种毒性极强的蛇剧烈地摇动尾巴而发出的响声。这就是大名鼎鼎的"响尾蛇"。

响尾蛇

为什么它的尾巴会发出响声呢？

大家在观看篮球比赛时，注意到裁判吹的哨子了吗？它是一个铜壳子，里面装上一层隔膜，形成两个空泡，当人用力吹时，空泡受到空气的振动，就发出响声。响尾蛇的尾巴也有类似的构造，不过它的外壳不是金属，而是坚硬的皮肤形成的角质环。这种角质环的内部又由角质膜隔成两个环状空泡，也就是两个空振器。当响尾蛇剧烈摇动自己的尾巴时，在空泡内形成了一股气流，随着气流一进一出地往返振动，空泡就发出一阵阵声音。响尾蛇的角质环所发出的声音，很像溪流的水声，用这种响声来引诱口渴的小动物，也是一种捕食的方法。

 趣味点击

响尾蛇死后咬人的秘密

人们都知道响尾蛇奇毒无比，被它咬后如不及时救治很难存活，岂不知死后的响尾蛇也一样危险。一项研究指出，响尾蛇即使在死后一小时内，仍可以弹起施袭。这是因为响尾蛇在咬嚙动作方面有一种反射能力，这种反射能力不受脑部的影响。

响尾蛇经常捕捉老鼠等小动物作为食物。奇怪的是，它的眼睛已经退化了，怎么还能捉住行动敏捷的老鼠呢？科学家经过观察研究发现，响尾蛇两只眼睛的前下方，都有一个凹下去的小窝，这是一种特殊的器官——探热器，能够接收到动物身上发出来的红外线。这种探热器反应非常灵敏，温度差别只有0.01℃它也能感觉到。所以，只要有小动物在旁边经过，响尾蛇就能立刻发觉，悄悄地爬过去，并且准确地判断出猎物的方向和距离，蹿过去把它咬住。

国外有一种空对空导弹（从飞行器上发射攻击空中目标的导弹），名叫"响尾蛇导弹"。为什么叫它响尾蛇导弹呢？因为它像响尾蛇一样，只要周围温度有一点变化，就能分辨出来。

任何物体，只要它没有冷到绝对零度（－273.15℃），总会辐射一种人眼看不见的红外线。红外线和可见光一样，也是电磁波的一种，只不过它的波长比可见光的还要长。

在漆黑的夜晚，没有了可见光，人们就什么也看不见。可是，如果使用红外线望远镜来观察，眼前的景物就会如同白昼一样清晰。为什么呢？因为红外线望远镜不是靠可见光来观察物体，而是靠物体辐射的红外线来观察物体。

响尾蛇导弹上装有探测红外线的装置。在空战中，由于敌方的喷气式飞机不断喷出灼热的气流，辐射着红外线，于是响尾蛇导弹就能追踪红外线辐射源的方向，直到追上飞机把它击毁为止。

响尾蛇导弹

不过，要对付这种红外制导的导弹，也不是没有办法。有一种红外曳光弹就是专门对付这种导弹的。它辐射的红外线与喷气式飞机辐射的红外线差不多，响尾蛇导弹遇上它就会上当受骗，丢开飞机去追它，结果和它同归于尽，而飞机却安然无恙。

蜂眼与天文罗盘

蜜蜂的每只复眼由 6 300 只小眼组成，每只小眼都有角膜、晶体、色素、视觉细胞等，因此可以形成独立景象，是一种检偏振器。蜜蜂可以根据天空中的偏振光来确定太阳的位置，不会在阴雨天迷失方向，利用这个原理制成偏振光天文罗盘，可帮助海

蜂 眼

员在雨天根据偏振光确定航海坐标。

知识小链接

偏振光

偏振光，即具有偏振现象的光。光是电磁波，电磁波是一种横波。振动方向和光波前进方向构成的平面叫作振动面，光的振动面只限于某一固定方向，叫作平面偏振光或线偏振光。

蝙蝠与探路仪

船只和舰艇上装备的现代声呐，可以搜索隐蔽在水中的目标，如潜艇、水雷、鱼群、冰山、暗礁以及浅滩等，也可侦察到在水面上航行的舰船。在一定距离内，两艘装有声呐的舰艇还可相互通

信。声呐探测目标的作用距离为几千米，用来通信则可以达到更远的距离。在自然界中，有些动物也有类似的声呐，而且结构比人造声呐更简单，性能更好。其中，人们研究最多的是蝙蝠的声呐系统。

蝙蝠是昼伏夜出的动物。不论是在茫茫暮色之中，还是在伸手不见五指、漆黑一团的岩洞和古庙里，它都能自由飞行，从不会相碰或撞到什么东西，而且捕食时有惊人的灵活性和准确性。这是因为蝙蝠有一双特别敏锐的

蝙　蝠

夜视眼吗？不是。即使将它的双眼完全遮住，蝙蝠仍能自由自在地飞翔。经过长时间的研究，人们终于弄清楚，蝙蝠的视力是很差的，它之所以有接近于"明察秋毫"的本领，是因为它生有一套天然声呐系统。

蝙蝠的喉咙可以发出很强的超声波，通过嘴和鼻孔向外发射出超声波，嘴和鼻孔是蝙蝠声呐的"发射机"，它的"接收机"则是耳朵。根据耳朵接收到的反射回声，蝙蝠能够判断物体的距离和大小。人们把这种根据回声来探测物体的方式，称为"回声定位"。

蝙蝠的耳朵很大，内耳也特别发达，能够接收频率很高，但密度很低的超声波回声。蝙蝠能在1秒钟内发出250组超声脉冲，同时也能准确地接收和分辨同一数目的回声。蝙蝠声呐的分辨本领很高，它能分辨用0.1毫米粗的线织成的网，并能根据网洞大小而收缩两翼敏捷飞过；还能把从昆虫身上反射的超声信号与地表、树木

等反射的信号区分开。

蝙蝠的声呐可以同时探测几个目标，抗干扰能力也特别强。即使人为地去干扰它，蝙蝠声呐仍能有效地工作。而且成千上万只蝙蝠同住一个岩洞，它们都使用声呐，但却互不干扰。人造声呐却很难排除声波折射和水下反响现象的干扰。

蝙蝠声呐还具有结构紧凑、体积小巧的特点。人们模仿蝙蝠的定位系统，制成了盲人用的探路仪和超声眼镜。这两种仪器可以发射超声波，接收回声信号并将其转变为人耳能听到的声音。经过一定的训练，盲人通过听声音就能知道路面情况，避开障碍物。

海豚与水下回声探测器

海豚不仅以快速游泳著称，而且不管白天黑夜，水质清澈或浑浊，都能准确地捕到食物，这是因为海豚具有超声波探测和导航的本领。无线电波在水中会被吸收，故无线电探测装置在水下无用武之地；相反，超声波在

海 豚

水下却能远距离传播。因此，水下超声波探测装置的效能极高。

海豚没有声带，其声音源来自它头部内的瓣膜和气囊系统，海豚把空气吸入气囊系统，气囊系统连接瓣膜，空气流过瓣膜的边缘发生振动，便会发出声波。海豚头部的前方还有"脂肪瘤"，它紧靠瓣膜和气囊的前面，起着声透镜的作用，能把回声定位脉冲束聚

焦后再定向发射出去。因此，海豚的定位探测能力极强。

　　现在模拟的海豚回声探测器已用于海洋舰船的航行，帮助舰船绕过浅滩和暗礁、探测海底深度、搜索潜艇、寻找和打捞沉船、导航和探测鱼群等。潜水员随身携带的轻便回声探测器也已经诞生，人们利用耳朵就能探测水下的目标。

竖起的耳朵及天线

　　一些动物如牛、鹿、马、长颈鹿等都有较大的耳朵。耳朵的直径越大，它增强信号的能力就越显著。耳朵的长度增加时，竖起耳朵听就能探测一个水平的扇形区域；听到可疑的声音，再把耳朵变换一个位置，又可以探测另一个垂直的扇形区域，这样，就为准确确定声源创造了条件。

　　根据这个原理，人们把无线电定位器的天线加长，一根天线水平安装，另一根天线垂直安装，结果提高了探测目标的准确度。

鹿

CHAPTER

5

信息与控制仿生

　　信息与控制仿生是研究与模拟感觉器官、神经元与神经网络以及高级中枢的智能活动等方面在生物体中的信息处理过程。例如，人们研究和模拟苍蝇的感觉器官制成了小巧而灵敏的气体分析仪，如今这种仪器已经被应用到宇宙飞船的座舱中，用来检测气体，也应用于分析气体的电子计算机上，对气体进行精密的分析。

动物味觉的启示

哺乳动物的味觉感受器主要分布在舌背面的味蕾上。舌背面有许多细小的突起，称之为乳突。乳突分为3种：一是轮廓乳突，分布在舌根部，有8~12个，排列成倒"八"字形；二是菌状乳突，分布在舌尖和舌的边缘部，在这两种乳突里面，味蕾很多；三是叶状乳突，普通哺乳动物都有，但人类则已退化，这种乳突中也含味蕾。乳突中散布有神经纤维。味蕾在口腔黏膜的其他部位也有分布。味蕾呈球状，由2~12个纺锤状的味细胞和支柱细胞构成，味细胞上有刚毛突出在味蕾上方的味孔处。

一般舌尖主要感觉甜味，舌的边缘主要感觉酸味，舌根主要感觉苦味，咸味则整条舌都能感觉到。人的舌头不但能尝出何种味道，而且还能尝出这种味道的浓淡。人的味蕾数量有10 000多个。并

拓展阅读

味蕾的"尝味"能力

味蕾对各种味道的敏感程度不同。人分辨苦味的本领最强，其次为酸味，再次为咸味，而甜味则是最差的。人的味蕾能觉察到稀释200倍的甜味、400倍的咸味、7.5万倍的酸味和200万倍的苦味。

不是所有的动物都有舌，也不是所有的味觉感受器都分布在口中。原生动物和海绵动物用整个身体去尝味。

苍蝇的口器上有一片海绵状小板，叫唇瓣，苍蝇用它不断地到处伸探。科学家把唇瓣上的一根细毛放入糖液中，并使它接上微电极，可立即在电流计中看到反应，说明苍蝇察觉到味道，正在作出反应。苍蝇的前足上也有感觉毛，它们也可用足来品尝食物，苍蝇

前足对糖的敏感度比口器强 5 倍。

　　有些鱼类的触须具有感知味觉的功能。圆头鲇鱼能觉察到前方较远处向它游来的猎物，如果破坏它的嗅神经，它仍然保持这种能力。但是，如果破坏它的味神经，这种能力便会立即消失。淡水鱼的味蕾多数分布在鳃腔内，当水流经鳃腔时，也会经过味蕾，产生味觉。有些鱼类的味蕾散布全身，以此探测整个水域。鲇鱼靠味觉来获取食物，而靠嗅觉来维持其群体生活。

　　在蜥蜴和一些蛇类的鼻腔下面，有一对由口腔背壁向腭部内凹的弯曲小管，叫犁鼻器或贾科勃森氏器。管内有许多与鼻腔中的细胞相似的感觉细胞，并且通过嗅神经的大量分支与脑联系，并有眼

蜥 蜴

腺分泌物润滑，就像唾液腺分泌唾液湿润口腔一样。由于毒蛇的唾液腺已演化成毒腺，所以眼腺可能是替代唾液腺分泌唾液，起到湿润毒蛇口腔的作用。只要空气中所含的少量化学分子通过犁鼻器，蛇类就能分辨这些分子是什么物质，可见犁鼻器有辅助嗅觉的作用。但是，犁鼻器的末端是一盲端，没有导向体外的开孔，只有开口于口腔的孔。因此，蛇会不断地用它那分叉的舌头（即蛇信子）伸出口外，探测空气中的气味，当舌摄取到空气中的化学分子后，蛇便迅速将舌回缩入口，再到犁鼻器中，产生味觉。

　　刚出生的小蛇虽然从未吃过任何东西，但是，对浸在水中的小动物，它也会吐出舌头，作出进攻的反应。因此，人们很难分清犁鼻器究竟是嗅觉器官还是味觉器官，这也说明很多动物的嗅觉和味

觉往往是混杂在一起的，因为它们都靠化学分析的方法起作用。

人们研究动物的味觉器官和嗅觉器官，对研制理想的气体分析仪器是有益的。人们研究和模拟苍蝇的感觉器官制成小巧而灵敏的气体分析仪，这种分析仪已被应用于宇宙飞船的座舱中，用来监测气体；也应用于分析气体的电子计算机上，对气体进行精密的分析；还用来监测潜水艇和矿井等逸出的气体，以便及时发出警报。

动物热感受器的启示

夏天的夜晚，甲、乙两人同睡在一间房内，刚关掉灯，讨厌的蚊子就"嗡嗡"地在耳边侵扰。一只蚊子刚停落在甲的脸颊上，甲便立即用手打去，将蚊子打死。甲高兴地喊道："我打死了一只雌蚊子。"乙听罢不能理

趣味点击

蚊子叮人"挑肥拣瘦"

蚊子吸人血，还会"挑肥拣瘦"，专门寻找合"口味"的对象。蚊子会叮咬体温较高、爱出汗的人。因为体温高、爱出汗的人身上分泌出的气味中含有较多的氨基酸、乳酸和氨类化合物，这类化合物很受蚊子的"青睐"。

解：房间内伸手不见五指，又怎能看清蚊子的雌雄？乙便嘲笑甲道："老兄的眼睛真行，竟然能在黑暗中看清蚊子的雌雄！"事实上，甲打死的确实是只雌蚊子，不过他不是用眼去看清的，而是用他掌握的知识去作出的正确判断：只有雌蚊子才吸血，而雄蚊子只吸吮植物的汁液。

蚊子在黑暗中看不见甲，那它又是怎样锁定甲的呢？不是甲发出的声音，也不是甲身上的气味，更不是蚊子瞎碰乱撞，而是蚊子

对甲身上发出的热的感应。

人与所有温血动物一样，体温都是相对恒定的。也就是说，机体所产生的热和散发的热基本相等。由于温血动物产热率相对稳定，所以有皮肤、汗腺和肺等散热调节组织与产热恒定相适应，从而使体温保持在相对恒定的、稍高于环境温度的水平。机体在冷环境中容易散热，因此在低于环境温度下生活，会因"过热"而致死。人体散热方式主要是皮肤的辐射热和汗腺的蒸发热，其次是肺通过呼吸散发部分热。

温血动物的辐射热其实是一种红外线，亦称红外光，在电磁波谱中，它是波长介于红光和微波间的电磁辐射，是一种肉眼看不见的光。但是它有显著的热效应，人们用特殊的灯照射物体，用滤镜挡住所有肉眼可见的光，只让红外线透出，通过红外线望远镜，如军用窥探望远镜和瞄准望远镜等才可看见。

但是，在自然界中，有不少动物具有能接收红外线信息的结构。雌蚊子的红外线探测器是它的触角，呈环毛状。雌蚊子觅食时，不断地转动一对触角，当两条触角接收到的辐射热相同时，它就知道可被吸血的温血动物就在正前方，雌蚊子就朝目标飞去。根据离热源愈近，所接收到辐射热愈多的原理，雌蚊子就能准确地测知辐射热源的方位。

蛇类中有一些蛇，如响尾蛇、蝮蛇、五步蛇、竹叶青蛇和烙铁头蛇等，它们的眼睛与鼻孔之间有一凹窝叫颊窝，具有极灵敏的红外线感受作用。将一条蒙住双眼的响尾蛇放在两只灯泡的下面，灯泡不亮时，响尾蛇毫无反应，显得很安静；当其中一只灯泡开起时，响尾蛇立即昂首张口朝着它，显得异常兴奋，而对那只不亮的灯泡不予理睬。

如果人们将蛇的颊窝神经暴露出来，插上微电极，将颊窝神经细胞的电变化引导出来，显示在示波器上，然后给颊窝加以化学、声音和机械等多种刺激，在示波器上没有显示出脉冲变化。但是，当用手或热的物体去靠近它时，示波器上立即显示出强烈的脉冲变化，表明它处于兴奋状态。颊窝具有

蝮 蛇

极强的抗干扰能力和分辨能力，并能在环境温度下起作用。

　　颊窝被一层薄膜分隔成内外两个小腔。内腔以小孔开口于皮肤，使内腔与环境的温度一致，并可调节内外腔间的压力。颊窝上密布有三叉神经末梢质体，为红外感受单位，包含有许多线粒体。外腔指向前方，当热量到达颊窝时，窝内的空气膨胀，颊窝膜两侧温度就不同，神经末梢便兴奋，刺激神经细胞，产生脉冲传给脑中枢，信息被加工后，脑中枢便发出攻击猎物的指令。在电子显微镜下，可以见到神经末梢受刺激后，线粒体的形态发生了改变，线粒体可能构成初级红外感受器。

　　人们已能对蛇的颊窝的灵敏度进行测检，但对其机制还不完全了解。有颊窝的蛇靠它的颊窝在黑夜中猎食，颊窝接受来自前方的辐射热，左右两个颊窝的感觉场是重叠的，并且有一定的感觉距离。通常蛇体盘起时比游动中感觉距离要远一些，只要与环境温度稍有

拓展阅读

动物可以感受紫外线

　　人类不能感受紫外线，但不少动物却能感受到。昆虫对紫外线很敏感。蜜蜂喜欢红花，并非受花的红色所吸引，而是被红花所反射的紫外线所吸引，它们能接收、感受到紫外线。蚂蚁、蝇类也能感受紫外线。

差异的物体都会引起蛇的注意。蟒蛇的红外感受器在头的正面和唇边，叫唇窝。深海乌贼的红外感受器在尾部的下表面，叫热视眼。此外，鸡虱、臭虫、蚂蚁等动物都有感受红外辐射的能力。

人们已经制造出灵敏的温度计和红外探测装置等，如某技术物理研究所研制出的红外入侵探测器系列产品，可安装在室内、户外或屋顶、门窗、走廊等处，它们具有 24 个感应现场，相当于 24 只眼睛全方位探测，可起监视、防盗作用。但是，人类目前制造成功的测温仪器，从普通的人体温度计到复杂的红外探测仪，与已知的一些动物对温度变化的感觉相比，无论是从灵敏度还是感热器官的结构的轻巧上，都显得不足。

动物生物钟的启示

在印度班加罗尔，有一只猴子和一条狗经常按时定点在一起相会。每天上午九点半，猴子就先来到路旁的树荫下等着了，接着，一条狗也摇着尾巴跑来。于是，猴子就骑上狗背，一起上街游逛。这一对奇怪的伙伴，吸引着人们的目光。说来有趣，它们天天聚会，老时间、老地方，从不失约，也不

你知道吗？

鸟钟和虫钟

在中美洲的危地马拉有一种第纳鸟，它每过 30 分钟就会"叽叽喳喳"地叫上一阵子，而且误差只有 15 秒，因此那里的居民就用它们的叫声来推算时间，称为"鸟钟"。在非洲的密林里有一种报时虫，它每过一小时就变换一种颜色，在那里生活的人们就把这种小虫捉回家，看它变色以推算时间，称为"虫钟"。

迟到，好像它们都懂得看钟表似的。

这是怎么一回事呢？科学家认为，这一对伙伴的协调行为，是由于它们身上有一种生物钟在指导着它们各自的行动。生物钟长在哪儿？科学家经过多次实验，在蟑螂的咽下找到一种神经节。该神经节的侧面和腹面有一群神经分泌细胞，分泌激素，指示蟑螂的活动和休息。哺乳动物的生物钟结构就更复杂了。科学家认为，在延髓和下丘脑里的神经细胞是生物钟的主体，而身体其他部分的组织细胞中，也有独立运转的"子钟"，它们同时在摆动和变化中。

人们在探索生物钟的秘密中，发现各种生物的习性和生活功能，都受着自然节律的支配。大西洋中的沙蚕，每年常常群集在百慕大附近海面，时间都是在满月后 3 天，日落后 54 分，不早也不迟。招潮蟹能根据阳光来改变颜色，又能按照月亮升落，随潮汐涨退来支配觅食或休息的时间。研究还表明，生物钟与光线固然有重要关联，与黑夜却有着更紧密的联系。生物在长期的生活过程中，生理上不断调节，逐渐形成了昼夜和季节性的节律。猴子和狗准时相会，就是它们身上的生物钟相适应的结果。

在实验中，人们还发现，用人造的昼夜来改变生物钟的"摆"，会产生意想不到的效果。人工缩短黑夜时间，能使母鸡多产蛋30% ~40%，使鹅和鸭产蛋量提高 2 ~3 倍；使牛羊发情期延长，交配的次数和繁殖的数量增多，奶的产量也提高了。而人工缩短白天时间，能使鸡长肥、猪长膘，使羊、狼和狐等长毛快。

科学家利用生物钟的作用来控制有害昆虫的生存。比如，调整蚊子的生物钟，使它们在缺乏食物和温度不适宜的季节里成熟，从而不能生存。用杀虫剂喷洒苍蝇，下午喷洒，死亡率最高，这正是它们一天中最活跃的时间。

蝇眼的启示

人的眼睛是球形的，苍蝇的眼睛却是半球形的。蝇眼不能像人眼那样转动，苍蝇看东西时，要靠脖子和身子灵活转动，才能把眼睛朝向物体。苍蝇的眼睛没有眼窝、眼皮和眼球，眼睛外层的角膜是直接与头部的表面连在一起的。

从外部看上去，蝇眼表面（角膜）是光滑平整的，如果把它放在显微镜下，就会发现蝇眼是由许多个小六角形的结构拼成的。每个小六角形都是一只小眼睛，科学家把它们叫作小眼。在一只蝇眼里，有 3 000多只小眼，一双蝇眼就有 6 000多只小眼。

蝇　眼

蝇眼中的每只小眼都自成体系，都有由角膜和晶维组成的成像系统，有由对光敏感的视觉细胞构成的视网膜，还有通向脑的视神经。因此，蝇眼中的每只小眼都能单独看东西。科学家曾做过实验：把蝇眼的角膜剥离下来作照相镜头，将其放在显微镜下照相，一下子就可以照出几百个相同的像。

世界上差不多有1/4的动物是用复眼看东西的。像常见的蜻蜓、蜜蜂、萤火虫、金龟子、蚊子、蛾子等昆虫，以及虾、蟹等甲壳动物都有复眼。

科学家对蝇眼产生兴趣，是由于蝇眼有许多令人惊异的功能。

如果人的头部不动，眼睛能看到的范围不会超过180°，身体背后部分看不到。可是，苍蝇的眼睛能看到350°，差不多可以看一圈。

人眼只能看到可见光，而蝇眼却能看到人眼看不见的紫外光。要看快速运动的物体，人眼就更比不上蝇眼了。一般说来，人眼要用0.05秒才能看清楚物体的轮廓，而蝇眼只要0.01秒就行了。

蝇眼还是一个天然测速仪，能随时测出自己的飞行速度，因此能够在快速飞行中追踪目标。根据这个原理，人们研制出了一种测量飞机相对于地面速度的电子仪器，叫作"飞机地速指示器"，已在飞机上应用。这种仪器的构造，简单说来就是在机身上安装两个互成一定角度的光电接收器（或在机头、机尾各装一个光电接收器），依次接收地面上同一点的光信号。根据两个接收器收到信号的时间差和当时的飞行高度，经过电子计算机的计算，即可在仪表上显示出飞机相对于地面的飞行速度了。

眼睛所看到的信息是通过光传导的信息。不过，眼睛并没有把它所看到的全部信息都上报给大脑，而是经过挑选把少量最重要的信息传给大脑。蝇眼这种接收及处理信息的能力，比人们制造出来的任何机械都要高明。

现在研究人员还模仿苍蝇的联立型复眼光学系统的结构与功能特点，用许多块具有特定性质的小透镜，将它们有规则地紧密排列粘合起来，制成了复眼透镜，也叫"蝇眼透镜"。用它作镜头可以制成复眼照相机，一次就能照出千百张相同的照片来。复眼照相机还可用来大量复制集成电路的模板，工效与质量大大提高。

跟踪技术顾问——蛙眼

青蛙的眼睛有个突出的特点，就是它能极其灵敏地看到运动着的食物和天敌。

人们对蛙眼进行了电子模拟，制造出了粗糙的昆虫检测器模型。该模型应用了 7 个光电管和 1 个模仿生物神经元的人造神经元。其中，外围 6 个光电管的信号为人造神经元的兴奋输入，而中央光电管的信号为抑制输入，它使所有光电管均匀照亮时人造神经元的输出为零。如果运动着的物体产生的阴影遮住了外围光电管中的一个，则输出信号为负；如果运动着的物体遮住了中央元件，则输出信号为正。这样的装置可用在保证对准中心的线路中。在这种情况下，只有当中心对准——遮住中央那个光电管时，输出才达到最大值。

蛙眼视网膜有作用不同的感觉细胞，它们能够分别抽提影像的不同特征。这就使得蛙眼视觉敏锐，能准确地发现具有特定形状的运动目标，迅速确定目标的位置、运动方向与速度。科学工作者根据蛙眼的视觉原理，借助于电子技术，制成了多种不同用途的信息加工系统，并且把它们形象地称作"电子蛙眼"。这些电子蛙眼，或者本身已经是一台专用电子仪器，或者是某种电子仪器的一个部件，它们是用电子线路去模拟蛙眼视觉原理的。

鸽子的监视技术

鸽子的视网膜有 6 种神经节细胞（检测器），远处物体的某些特征会在它的眼中产生特殊的反应。根据鸽眼视网膜的结构及其功能制成的电子鸽眼模型，是模仿鸽子视网膜中的视锥细胞、双极细胞和神经节细胞等。

信息与控制仿生

知识小链接

神经节

神经节是功能相同的神经元细胞体在中枢以外的周围部位集合而成的结节状构造。神经节表面包有一层结缔组织膜，其中含血管、神经和脂肪细胞。在神经节内，节前神经元的轴突与节后神经元组成突触。神经节通过神经纤维与脑、脊髓相联系。

电子鸽眼有助于图像辨认方面的研究。利用鸽眼发现定向运动的性质，可以装备一种警戒雷达，布置在国境线上或机场边缘，它只"监视"飞进来的飞机或导弹，而对飞出去的却"视而不见"。此外，电子鸽眼还可应用于电子计算机系统，使计算机自动消除掉对解题无关的所有数据。

来自大海的检测蜂鸣器

海豚对自身带电的鱼，主要采用发出弱脉冲，使其电场紊乱的方式将其捕获。海豚的这种行为展示了一种崭新的雷达方式。运用这种原理可制造机场监视器。当旅客通过机场的大门时，如果携带了铁、镍等制品，那么安检人员使用的蜂鸣器，就会立即发出响声，向安检人员报告。人们还可以运用这种方式在机场安装一种磁门，这种磁门可以检测每一位旅客的兜里装着什么东西。

广角鱼眼

　　鱼类的眼睛的视角相当大，一般达 160°~170°，甚至更大。根据鱼眼成像的原理，人们研制出一种视角达 180° 的超广角镜头，又叫"鱼眼镜头"。

鱼眼镜头的视觉效果

　　后来，人们又研制出视角达 270° 的鱼眼镜头，它能够使整个空间的影像投射到小小的一块底片上。随着科学的发展，动物眼睛的奥秘正在被一个个揭开，可以预言，其研究成果在生产、科学技术和国防等方面的应用，也将越来越广泛。

海蜇与风暴预测仪

海　蜇

　　海蜇，又叫水母，是一种古老的海生腔肠动物。它有一种高超的本领——灵敏的听觉。原来在海蜇的 8 个触手上，生有许多小球，小球腔内生有砂粒般的听石。这些小小的"听石"刺激球壁的神经感受器，就构成了海蜇的听觉。海蜇能听到人耳听不到的次声波。就是靠着这种本领，海蜇可以提前十几个小时预知海上风暴的到来，海蜇这种神奇的听觉在科学研究方面很有价值。

科学家们对海蜇的听觉进行了深入的研究。有

拓展阅读

海蜇的毒性

海蜇的毒素贮存和分布在刺丝囊内，1克刺丝囊含有5 500万个单刺丝囊。一般在捕捞后，经加工处理其毒性可迅速消失。海蜇毒素对哺乳动物、甲壳动物均有损害。在被海蜇蜇伤后，轻者仅有一般过敏反应，重者可致死亡，所以有效的预防和积极的抢救治疗是必要的。

人设计了模拟海蜇听觉器官的仪器水母耳，用来预测风暴，它可以提前15个小时对风暴作出预测。

狗与电子警犬

狗的嗅觉比人的嗅觉灵敏1 200倍，根据气味，狗几乎可以找到任何要找的东西，经过训练的警犬更加厉害。模拟警犬的嗅觉，人们制成了一种电子仪器——电子警犬，已经在化工厂用于检测过氯乙烯毒气，其测定浓度达到千万分之一。

该仪器的工作原理是基于不同物质对紫外线的选择性吸收：当气味物质从紫外灯与检测器之间通过时，一部分紫外线被吸收，这样便可确定物质的性质和浓度。这种电子警犬可以检测染料、漆、树脂、酸、氨、苯、瓦斯以及新鲜的苹果和香蕉的气味，其灵敏度已经达到狗的嗅觉水平。另一种在某些方面比狗的嗅觉灵敏1 000倍的电子警犬，也已用于侦缉工作。

视觉程序与人造眼

眼、耳、鼻、舌、身分别是人和动物的视觉、听觉、嗅觉、味觉和触觉器官。这些感觉器官结构的精美、功能的奇妙，给了工程技术人员许多有益的启示。眼睛是最重要的、最完善的感觉器官之一。人眼可以确定事物的距离、形状、大小和颜色等，还可以通过对比观察到的周围事物，得知自身运动情况和位置状态。

生理学和心理学工作者大致研究出了眼睛和视觉中枢是怎样感受和估量这些参量的。而数学工作者和工程技术人员则把这些研究成果"翻译"成数学语言，进而创造了人造眼。安装在自动驾驶汽车上的人造眼能判明障碍，并改变汽车的行进方向以避免碰撞。

经过进一步完善，这一装置还可以安装在飞往月球和其他行星的无人驾驶宇宙飞船上。当飞船抵达目的地时，人造眼可以自己选择最适宜的着陆地点。如果把它安装在自动行驶的探险车上，则探险车可以在人类从未到过的地方长途巡行。

睡眠机

人的一生有1/3的时间是在睡眠中度过的，睡眠的好坏影响到第二天人们的工作、学习和情绪。患有神经官能症或其他神经性疾病的人，常常因无法入睡而苦恼。有些人甚至服用安眠药也未见显著效果，反而引起一系列副作用。

有些婴儿也常常在夜间惊醒，久哭不睡，妨碍健康，同时也影响大人的休息。有经验的母亲，在哄婴孩入睡时，常常发出低沉的哼哼声，像一支催眠曲，很快就能使婴孩入睡。这是为什么呢？原来温柔、亲切的催眠曲或者其他单调重复的声音，传入人耳后，在听神经处产生了一种很弱的生物电流，生物电流通过听神经传到大脑，从而引起人对睡眠的渴望。仿生学工作者研究了生物电流之后，从中得到许多启发，在实际应用中已经取得了神奇的效果。科学家把这种有促进睡眠的电波描记下来，并仿照它制成一种电子睡眠机。只要将电子睡眠机的电极连接在患者的脑袋上，便可以使患者在较长时间内酣睡不醒。

电控假手

生物电可以进行遥控，生物的一举一动都是生物电在起作用。例如，人脑给肌肉发出电信号，肌肉才能动起来。实验证明，信号到达手臂肌肉表面后，要迟滞 50～80 毫秒，手才开始运动。当飞行员在高速歼击机上发射导弹时，要求迅速抓住战机，反应越快越好。但是人体肌肉有迟滞性，反应常常不及时，于是人们就研制由生物电控制的假手、假脚以及假人来发射导弹。

航天飞机超重时，航天员行动困难，无法进行紧急操纵，因此人们设计了一种肌电极，肌电极发出电信号，然后放大处理再发给伺服控制器去调节开关，既快又稳。这样，通过生物电遥控，将来人们只要用脑子就可以操纵飞机、宇宙飞船、潜水艇以及做其他各种工作。

动物的夜视与夜视仪

虽然动物的运动器官使它可以逃避敌害或搜寻食物，但是毫无疑问，大多数动物的生存还是靠听觉、视觉和嗅觉等感觉器官，尤其是夜行性动物，它们必须极大限度地使用这些器官。

在最暗淡的光线下，眼睛用来辨别动作、反差、形状、距离和位置；当光线较亮时，眼睛还可辨别阴影、颜色和亮度。如果视觉有障碍，其他的感觉器官就会被调动起来。听觉和嗅觉能判断危险，有时甚至可以判断距离，但是这些感觉器官常受到风、声音和其他因素的干扰。因此，对动物来说，能否夜视是关系到存亡的一个极为重要的条件。

◎ 灵敏的眼睛

在显微镜下，我们可以看到眼睛的视网膜上有两类感光细胞，这就是视杆细胞和视锥细胞。多数动物的视网膜上有大量的视杆细胞，视杆细胞对光极为敏感，即使在弱光（甚至接近于黑暗）的情况下仍有感光作用。夜间

你知道吗？

感光细胞如何感光

感光细胞从视野范围内吸收光子，然后经一系列特殊复杂的生物化学通路，将这些信息以膜电位改变的形式进行信号传导。最后，视觉系统对这些信号信息进行处理，以呈现一个完整的视觉世界。

活动的动物，视杆细胞高度灵敏，这是由于其他的特殊装置放大和协助所致。例如，晶状体能过滤紫外线和短波辐射，因此可以保护

灵敏的感光细胞。但是，红外线能通过晶状体和玻璃体进入眼中，强烈的阳光就足以破坏一部分视网膜，所以人或多数动物都不愿直接注视极为耀眼的光源。

此外，眼睛上还有一些组织结构用以调节到达感光细胞上光的数量，最为人熟知的就是瞳孔。在亮光中瞳孔缩小，在暗光中瞳孔放大。一般说来，动物瞳孔虽不如人的瞳孔大，然而其调节范围有时却超过人的瞳孔，这样就可控制到达感光细胞上的光的数量。但是，外界环境中最暗与最亮的光强度差别很大。因此，不管是人的眼睛还是动物的眼睛，都必须具有进一步控制和调节光强度的神经系统和化学机制。当光线照射视杆细胞时，其中一部分会被极端灵敏的化学物质——视紫红质所吸收，然后视紫红质再分解为两种其他的化学物质：视黄醛和视蛋白。这个分解活动引起电脉冲传到脑，在接受一个影像的一只眼中，从全部视杆细胞来的所有脉冲的总和就在脑中形成暗光图像。

任何一个被分解的化学物质必须立即再合成，否则它的机能就停止了。视网膜后面靠近视杆细胞和视锥细胞的血管会不断地向眼睛递送维生素 A，当维生素 A 存在时，即与视蛋白结合而重新合成视紫红质。因此，视紫红质的分解和合成是连续不断的，并且总是保持着平衡，除非眼睛受到强烈的光线照射，平衡才被破坏。

强光会极度降低视网膜的效力，以致要恢复其功能，就必须长时间补充维生素 A，否则就会造成暂时性失明，如果情况非常严重的话，暂时性失明能延续几个小时。有些夜

拓展阅读

维生素 A 的功效

维生素 A 有以下功效：促进生长发育，提高机体对蛋白质的利用率，促进体内组织蛋白的合成；维持正常视觉，防止夜盲症；维护上皮细胞组织，抵御传染病等。

行性动物由于视网膜暴露在光照下时间过长而受到永久性的损伤。

当我们把房间里的灯关掉，或从光线充足的环境突然进入到黑暗中时，我们的眼睛就需要一个短时间的暗光适应过程。因为经过强光照射后，视紫红质被大量分解，此时视杆细胞就需要大量的维生素 A，经过一定时间的暗光视觉，才能合成这类化学物质以供视锥细胞在亮光中使用。人越年轻，暗适应越快，除非维生素 A 在血液中被过多的酒精、尼古丁等破坏及中和。有些动物也需要这种短时间的暗适应期。当一只猫在夜间刚出门时，它并不灵活，直到它适应暗淡的光线，并能辨别轮廓和动作时为止。当一只狗进入黑暗中时，会通过鼻子和耳朵来分辨它需要的所有信息，并逐步适应黑暗的环境。

综上可知，夜视必须有两个基本要素：白天保护灵敏的视杆细胞和维生素 A 的及时供应。肝脏是维生素 A 的贮存库，难怪有些夜间肉食动物在吃猎物时，总爱先吃它们的肝脏。

不同种类的动物的视网膜感受器的大小都有差别，一般视锥细胞总是比视杆细胞大。了解这一点是很重要的。通过放大镜看一幅报纸插图时，可以看到它是由无数小点组成的。如果这些小点非常小，这幅插图就能表现出大量的细节；如果这些小点很粗糙，那么这幅插图的细节就表现不出来。对眼睛来说也是一样。

如果视网膜感受器很小，1 平方毫米的面积内聚集了几万个，那么视网膜感受器在脑中形成影像的轮廓和细节都很分明；如果视网膜感受器很粗糙，特别是视杆细胞，则脑中将产生一个非常模糊的影像。但是，这些粗糙的视网膜感受器有一个优点：感受器越大，它所包含的视紫红质越多，即使在暗淡的光线下也能比较灵敏地看见物体。

◎ 奇妙的反射镜

反光组织是在暗淡的光线下增强眼睛效力的一种组织，它是位于视网膜后面的一层像镜子一样的膜。因为视网膜是透明的，所以到达视网膜上的光只有很小一部分被它吸收和利用，其余的光就直线通过。反光组织把这些没有被利用的光反射回来，使视网膜上的感受器得到双重的光线。而未被感受器重新吸收的反射光仍沿着入射线的相反方向射出眼外，这就是当一只动物在汽车灯光的照射下，坐车人能看到它眼睛闪闪发光的原因。眼睛没有反光组织的动物，经感受器吸收后的余光会在视网膜后面的组织中消失。

反光组织看起来是一种简单的组织，但是，在许多情况下，大自然已经把它变为一个高度成熟的机械和化学仪器。哺乳动物眼中的反光组织由具有高度反射性能的纤维层或细胞组成，构造非常简单。其中，纤维型反光组织只在被追捕的动物——有蹄类动物的眼中发现，如牛、鹿和山羊等；而细胞型反光组织则在追捕动物的眼中发现，如狮子、猫、狗、海豹和熊等。然而，鱼类和鳄鱼的反光组织中含有鸟嘌呤结晶——就像在鱼鳞中看到的一种发光的银色化学物质，这使得它们的反光组织效力非常大。在某些硬骨鱼和鲨鱼的反光组织中，这些结晶以一种与黑色素交叉排列的方式进行工作：当光的强度增加时，色素就渗入银色化学物质中以阻止其反射能力，同时也起到覆盖和保护视杆细胞的作用；当光线减弱时，银色反光组织上的色素消失，视杆细胞也就与色素分开，从而获得必需的光亮。在某些没有鸟嘌呤结晶的反光组织的动物眼中，也有保护性色素的迁移和视杆细胞的运动。

一般说来，夜出活动的动物才有反光组织，某些哺乳动物的反光组织在出生时是没有的，而是以后才发育而成的。许多没有反光组织的动物如果在夜间遇到汽车灯光，它们的眼睛也会发光，这可能是由于视网膜后的一层薄膜反射造成的。这些薄膜覆盖着视网膜后面的血管，但人们还不知道它是否充当一部分反光组织。

◎ 多形的瞳孔

如果没有一定形式的保护，突然遇到极亮的光照，眼睛就发挥不了什么作用，所以人们往往喜欢戴墨镜来保护自己的眼睛。防止眼睛受强光照射是非常重要的，因为强光会破坏视杆细胞中的化学物质，光线越强、照射时间越长，破坏就越厉害，从而要恢复到原来状态所需的时间也就越长，这在野生动物中甚至可能会有致命的危险。

渗到反光组织里的许多保护性色素对防止强光是十分有效的。当光线较强时，瞳孔的收缩是防护的第一线。瞳孔是位于有色虹膜中央的一个孔，光线通过它射到视网膜上。

 趣味点击

猫的瞳孔

白天，猫的瞳孔通常是半张状态，看上去就像一颗枣核；正午光线最强的时候，猫的瞳孔会变成一条细缝；到了晚上，瞳孔则会全部张开。

当强光照射眼睛时，如果我们对着镜子观察，就可看到瞳孔的收缩。

人的瞳孔收缩是有极限的，与夜行性动物相比，收缩速度也很慢。我们来做一个简单的实验：在鱼缸里养一只章鱼，并装一盏明亮的闪光灯。随着灯光的闪现和熄灭，我们可明显地看到章鱼的瞳孔在迅速地收缩和扩大。大多数动物的瞳孔是圆形的，它们在夜间开得很大，而在光线强烈的白天，有些动物的瞳孔几乎收缩成一个针尖那么大的小孔。但这还不算小，例如，鱼类为适应其在夜间觅食，发展了比较灵敏的视网膜，但当它们在白天游到明亮的水面时，用小圆形的瞳孔来保护视网膜显然是不够的，因而它们需要由一束环形肌所组成的结构把瞳孔收缩到最小限度，就像紧闭的门缝一样。大多数动物都具有这种类型的瞳孔，根据它们的需要，这条缝可能是垂直的，也可能是水平的或倾斜的。

在强光和弱光两种情况下都能活动的动物身上，我们均可看到细长缝状的瞳孔。水中的鲨鱼、陆上的猫就是大家所熟悉的例子。但是，还有无数其他的动物——两栖类、爬行类和哺乳类也具有这种类型的瞳孔。

某些有蹄类动物有一层从瞳孔顶部悬挂下来的遮盖膜。它是虹膜上缘的附属物，当瞳孔闭合时，它碰到瞳孔的下沿，会前后留下一个孔的未遮盖区，这类动物就从这个区察看其周围发生的一切，以保持高度警惕。这个膜处于半舒张的松弛状态，当它收缩时，可以看到其瞳孔与猫和鲨鱼的瞳孔特别相似。

◎ 大眼睛与小头

在夜间，动物充分利用其眼睛大的特点，就足以补偿感受器数量不足的问题，产生一个较大而清晰的影像。但是，较大的影像往往会把光线散播的范围扩大，而使其亮度减弱。这在白天影响还不大，到了夜间就成问题了，此时动物就放大瞳孔，让更多有效的光射入眼睛。

由于头部的大小限制了眼睛的大小，所以许多动物找到了另一种产生大影像的方法，就是使眼睛发展到头所能容纳的那么大，以使头的背部表面也成为眼睛的一部分，显然这种眼睛的活动范围会相应地缩小，有的甚至完全不能动。但如果这种动物有灵活的脖子，或本身并不需要大范围的视野，那么由于眼睛不能移动所造成的损失也不会太大。大的眼睛也意味着动物的颅骨内只有很小的空隙来容纳大脑，所以大脑的大小会受到严格的限制。

虽然动物们的眼睛的形状各不相同，但它们视觉的效力却有些相似，原因可能是由于眼球背面的弧度是相同的。猫头鹰眼睛的前后直径大，从晶状体和角膜到视网膜的距离比较长，所以可以产生一个大的影像。鱼的视觉系统情况不同，因为它们的眼睛与水相接触，水的折射率比空气大，会减弱角膜的视觉能力；但它们眼睛里面的晶状体有较大的折射率，能补偿这个损失；又因为所有的视觉影像在水中比在空气中大，所以鱼类也能获得较大的影像。

◎ 在脑子里发生了什么

一个视觉影像到达动物脑中所发生的过程包括很多的因素。假设夜出觅食的蛇在岩石上看到一只小壁虎，那么，蛇的每只眼睛里都会形成这只壁虎的影像。这两个影像倒过来沿着神经传递到对侧脑半球，在它传递到大脑皮层的一个部位以前，每个影像到达一个中枢，会在那里发生复杂的综合反应，然后到达大脑皮层的枕叶。

在脑中，两个影像再倒过来适当地联合成一个影像，这是高等动物产生视觉影像最简单的模型。两个影像在大脑皮层中联合至少要达到 2 个目的：①它产生了一个立体效应，使所看见的东西具有深度、厚度和丰满的感觉；②增加影像的鲜明性。我们只睁开一只眼睛时，物体就远不及用两只眼看物体时那么明亮。因为用两只眼看物体时，在大脑皮层中就得到双重影像的刺激。人和最高等动物的脑的模型当然比上述描述的复杂得多。

建筑仿生

生物界中的建筑高手以及高明的建筑形式给人类带来了灵感。通过对这些科学合理的建筑理念和建筑形式的研究学习，人类丰富和完善了自身的建筑理念，研制开发出了一些新产品。例如，效仿蜜蜂建造蜂窝的精湛技艺，人类设计出种种质量轻、强度高的蜂窝状泡沫结构材料，并将其成功应用于建筑中。

动物与人工发汗材料

动物在散热方面有一系列的适应机制。有的动物是依靠减少体毛、增大皮肤表面积来实现散热的，如大象体表的毛发非常短且细，皮肤多皱纹，耳朵特别大，从而大大增加了散热面。更多的动物是靠出汗来散热的。马皮肤中的汗腺特别发达，奔跑中通过出汗可散发大量的热量；狗的汗腺不如人类皮肤上的汗腺发达，因此狗会伸出湿润的舌头靠喘气来散热；河马是通过耳朵内流汗来散热的；牛则通过口（舌散热）、鼻（呼吸散热）和脚趾（流汗）来散热。多数动物的皮肤都有一些汗腺。动物出汗可散发大量热量的机理已启发科学家设计出了一种人工发汗材料，它能作为高效的耐高温材料。

拓展阅读

狗的汗腺

汗腺是哺乳动物特有的一种皮肤结构，狗的汗腺主要是大汗腺，又叫顶浆腺，它会分泌一种略微黏稠的液体。这些液体往往是无味的，但经过细菌的加工，就会散发出特别的气味。

人们已研制出一种含有金属的陶瓷材料，当温度升到一定范围时，金属就会熔化，进一步汽化蒸发，就如出汗一样带走大量热量，从而保护陶瓷材料在高温下不致被烧毁，保持外形、尺寸不变。这种材料在航天等领域内有特殊用途，现已投入使用。

蛋壳耐压的启示

生物在长期的进化过程中，为了适应生存环境，其形体的结构愈来愈科学，这也给了我们很多启示。

鸡蛋的蛋壳我们几乎天天都能见到，它似乎没有什么大的用处。然而，建筑师却把它视为至宝，因为它给建筑师以很大启示，为现代化建筑作出过不小的贡献。让我们先做一个小小的实验：将蛋壳平均分成两半，一半凸面向上，一半凹面向上，用两支削得不太尖的铅笔，从 10 厘米高处向蛋壳落去。可以看到，铅笔与凸面向上的蛋壳撞击后，蛋壳并未被击破，而凹面向上的蛋壳却被击破了。这说明凸面向上的蛋壳可以承受的力比凹面向上的蛋壳可以承受的力大得多。我们的祖先很早就发现了蛋壳的奥秘，并据此设计了凸面向上的石拱桥。

可别小看一座石拱桥，那里面还有相当大的学问呢！你看，一座石拱桥，当它受到向下的压力时，也同时受到两侧相邻石块的侧压力作用。若石桥凹面向上，那么，当它受到向下的压力时，邻近的石块则产生拉力，由于石块的抗拉强

北京火车站大厅屋顶

111

度很低，所以凹面向上的石桥只能承受很小的力。这与蛋壳凸面向上不易击破，凹面向上不堪一击是同一个道理。

建筑师还在蛋壳的启示下，设计了现代化的大型薄壳结构的建筑物。这种建筑物既坚固，又节省材料。我国北京火车站大厅房顶就是采用这种薄壳结构。屋顶材料薄，跨度大，整个大厅显得格外宽敞明亮、舒适美观。

又有人按鸡蛋的构造原理和形状，建造了气泡屋作为学校校舍。另外，在建筑物中，也有像贝壳似的餐厅、杂技场和市场，这些结构既轻便、坚固，又节省材料。

奇妙植物的建筑结构

植物在长期的风力作用下，会发生形态变化。人们观察到山上的云杉，由于其长年累月被狂风袭击，底部直径显著增大，树干成了圆锥形。人们设计了类似圆锥形的电视塔，把它建造在风速80米/秒的山顶上。同时，植物在风力的长期作用下，树根系统也会发生明显变化，使树对狂风有很强的适应性。依照这种树根，有人设计了特别高的高层楼房，它就支撑在按树根原理制成的地基上。

在既不太热又不干燥的地区，车前子的叶子一般呈

树　根

螺旋状排列，这样每片叶子都能得到适当的太阳光。人们借鉴了车前子调节日光辐射的原理设计了一种住宅，它是呈螺旋状排列的 13 层楼房，每个房间都能得到充足的阳光。

 基本小知识

车前子

车前子，又名车前实、猪耳朵穗子、凤眼前仁，为车前科植物车前或平车前的干燥成熟种子。喜温暖湿润气候，耐寒，在山区平地均可生长。味甘性寒，入肾、膀胱、肝、肺经，具有利尿通淋、渗湿止泻、清肝明目、清热化痰等功效，为常用药材。

蜂窝状泡沫建材的诞生

蜜蜂"建筑师"的精湛技艺，已为许多现代技术专家所仿效。建筑工程师模仿它筑巢的原理设计出了种种质量轻、强度高的蜂窝状泡沫结构，这是建筑材料和结构的发展方向。

现代城市的建筑材料多是钢筋和水泥。但是，由钢筋和水泥等制成的钢筋混凝土结构太重，每立方米重达 2.4 吨左右。为了减轻钢筋混凝土的自重，建筑工程师便把注意力转向蜂房和浮石，发明创造了蜂窝状的泡沫混凝土、泡沫塑料、泡沫橡胶、泡沫玻璃和泡沫合金等。

实践证明，这种材料中由气泡组成的蜂窝，既隔热又保温。英国的建筑师试制成功了一种蜂窝墙壁，中间填满由树脂和硬化剂合成的尿素甲醛泡沫。用这种墙壁建造住宅，结构轻巧，冬暖夏凉。

展览馆的灵感来源

著名的水生植物王莲，其叶浮在水面，直径可达 2 米以上。奇妙的是，一个五六岁的孩子坐在薄薄的叶面上面也安然无恙。19 世纪中期，法国的约瑟夫·莫尼哀对王莲进行了研究，这位园艺家、建筑师模仿王莲的叶脉结构，用钢和玻璃建造了一座像水晶宫一样的大花房，为推广轻型、大跨度的薄网状结构奠定了基础。后来，意大利的建筑师们在设计跨距为 95 米的都灵展览馆大厅屋顶时，也采用了这种网状叶脉结构，在拱形的纵肋之间连以波浪形的横隔，从而保证了大厅屋顶的刚度和稳定性。由于屋顶的应力集中在波浪形的横隔上，就可在肋间安装许多天窗，这使得这座大厅不仅结构轻巧、宏大雄伟，而且光线充足、美丽如画。都灵的建筑师们还设计了一块 100 米长的薄板，其厚度仅 4 厘米，但它的刚度却与叶脉一样奇妙，竟能经得住一个人在上面走来走去。

知识小链接

应 力

当物体在外力作用下不能产生位移时，它的几何形状和尺寸将发生变化，这种形变就称为应变。物体发生形变时内部产生了大小相等但方向相反的反作用力抵抗外力，单位面积上所承受的内力就称为应力。

悬索结构的由来

有些科学家用毕生精力研究蜘蛛和蜘蛛网。那么，他们为什么要花费那么大的精力去研究这些其貌不扬的小动物呢？这是因为在蜘蛛和蜘蛛网上隐藏着许许多多的秘密，揭开这些秘密，将会给人类带来不可估量的好处。例如，人们通过蜘蛛吐丝的原理得到启示，从而发明了人造丝。

其实，蜘蛛不仅是一位"纺织专家"，而且也同蜜蜂一样，是一位出色的"建筑师"。它能根据地形精确地计算要织多大的网，然后根据最省料而又能达到最大面积的原则来使用它的丝。蜘蛛网是自然界中独一无二的悬索结构。别看网丝是那么细微，却能承受近3牛顿的拉力。可以说，模拟蜘蛛网建成的大跨度屋顶和桥梁，同样是建筑仿生学的一大成就。

19世纪末期，人们在总结悬索桥架设和锚固经验的基础上，成功设计了可用来作屋顶的悬索结构，如北京工人体育馆大厅的屋顶，采用的就是悬索结构。该屋顶的直径为94米，由金属的中心环、

悬索桥

钢筋混凝土外环和上下两层钢索组成。除了跨度大和能充分发挥材料潜力的优点外，悬索结构还有成型容易和造型美观的特点。

出气孔与充气结构

学过植物生理学的人都知道，在植物的表皮上到处都是气孔，其功能是用来调节体内的温度。富于想象力的建筑师们，应用植物的这种气液静力压系统的工作原理，设计出了一系列带有自动调节系统和充分结构的建筑物。如双层或单层充气结构的住宅、厂房、仓库、体育馆、展览厅、学校和水下建筑等。所谓充气结构，就是在玻璃丝增强塑料薄膜或尼龙布内部充气，以形成一定形状的建筑空间。它的主要特点是便于运输拆迁，省工节料，建筑迅速。

在未来，人们可在南、北极建造跨度上千米的聚氟乙烯薄膜的充气住宅。这样尽管室外冰天雪地，室内却可以温暖如春。如果在这种充气建筑内种农作物，则可以不受气候条件的限制。

动物骨骼的启示

动物在长期进化中，形成了适合生存环境的种种形态，而保持这种形态的骨骼系统在强度、硬度和稳定性等方面也逐渐完美。于是，人们将此运用于建筑中，如中国古建筑中的"人"字形屋顶与动物的脊柱相像。

现代建筑普遍采用的钢筋混凝土结构，其中钢筋在建筑物中的作用，与骨骼在动物身体中的作用一样。埃菲尔铁塔是一座耸立在巴黎市中心的高达300多米的金属塔，它是法国著名工程师埃菲尔在1886年为巴黎博览会设计的，这座宏伟的铁塔是当时世界上最高的建筑，也是巴黎的象征。据说铁塔的结构是埃菲尔模拟灵长类小腿骨（胫骨）的结构建成的，两者的表面角度完全相符。

　　古往今来，人类建造了无数桥梁，但细细分析，也是模仿动物骨骼的结果。比如，四足着地的兽类，前后肢好像一座桥的桥墩，脊椎骨又恰似桥身；有些生活习性特殊的动物，如跳鼠，后肢特别长，它靠后肢跳跃和站立，整个身体的结构就与单桥墩的悬臂桥一样。

钢筋混凝土的发明

　　自然界中的植物在风霜雨雪的长期作用下，其内部构造和外观形状都要发生相应的变化。这种种变化，都会给人们以有益的启示。19 世纪中叶，莫尼哀发现，许多植物都是依靠其根部与土壤的密切结合而矗立于暴风雨之中的，他从而想到按照植物的这种固本方式来造花坛。于是，他用水泥（好比泥土）把铁丝（好比植物的根）包裹起来，结果造出了能抗击风雨侵蚀的花坛，从而发明了当前建筑中的钢筋混凝土。

　　钢筋混凝土的发明，使建筑业发生了突飞猛进的变化。可以这么说，如果没有钢筋混凝土的出现，现代的一些高耸入云的建筑物将不会发展得如此迅速。当然，这中间还包括从生物的结构中所受的启发，因而我们完全可以这么说，是仿生学给现代建筑以丰富的灵感。

拱形结构的灵感

建筑仿生学不仅研究现代生物，也研究古代生物。其原因就在于古代生物结构简单，更易于模拟。

当银杉、云杉等裸子植物繁盛的时候，正是爬行动物在地球上称王称霸的黄金时代，其中最有名的就是动物王国的霸主——恐龙。在恐龙家族中，硕大无比者应算是在北美洲发现的梁龙。梁龙最大个体长达 30 米，重十几吨，体重完全靠四条立柱似的粗腿承受。从对梁龙躯体结构的力学分析中可以看出，梁龙如此重，身体没有在中间被压弯下垂，是因为它的身体上部有一种拱形结构。

拱形结构是一种由弓形构件组成的结构，两端处叫作拱脚。

我国古代劳动人民建造赵州桥时，用的就是拱形结构。拱形结构的受力情况是当拱形结构上有负荷时，内力主要是压力，并沿着拱轴方向向拱脚传递。由于拱形结构沿轴向只受压力，不受弯折或弯折很

赵州桥

少，因此其在砖石、钢、木和钢筋混凝土结构中采用得非常广泛，而且形式多样、各有千秋。

生物与建筑物一样，时时都受到各种自然力的作用。它们经历了亿万年的进化和选择，形成了适应生存环境的种种结构和功能。

鸟类的窝巢、乌龟的甲胄、蜜蜂的蜂房、种子和果核以及人类的头颅等，都是用最少的材料构成坚固的结构，而且它们的功能都能适应各自所处的大自然环境。

只要我们善于观察和研究大自然，就会从中获得不少有益的启示。在未来，建筑仿生学将帮助人类建造出蔚为壮观的地下宫殿、海底乐园和太空城市，为人类在那里定居创造更为舒适的居住条件。

蜗牛壳与复合陶瓷材料

在潮湿的地上或者在树枝上、蔬菜的叶子上，常会见到蜗牛。它们背着重重的壳，慢慢地向前蠕动，有一点儿风吹草动，软软的身子就马上缩回壳里。蜗牛的壳很坚固，它给了科学家们极大的启示。

你知道吗？

蜗牛是牙齿最多的动物

蜗牛是世界上牙齿最多的动物。虽然它的嘴的大小与针尖差不多，但是却有约 26 000 颗牙齿。在蜗牛的小触角中间往下一点儿的地方有一个小洞，这就是它的嘴巴，里面有一条锯齿状的舌头，科学家们称之为"齿舌"。

蜗牛等软体动物的壳实质上是一种由碳酸钙层和薄的蛋白质层交替组成的层状结构。碳酸钙硬而脆，但蛋白质层交替地夹在其中，能防止碳酸钙层的裂纹蔓延，从而使蜗牛壳变得又硬又有韧性。

20 世纪 90 年代，英国剑桥大学的科研小组研制出了一种类似蜗牛壳的层状组织，即用 150 微米厚的碳化硅陶瓷层和 5 微米厚的

蜗 牛

石墨层交替地叠加热压成复合陶瓷材料。碳化硅是一种非常硬而脆的陶瓷，但由于夹在中间的石墨层可以分散应力，又可以阻止一层碳化硅中的裂纹蔓延到另一层碳化硅中，因而不易碎裂，这就是仿生复合陶瓷材料。仿生复合陶瓷材料可用来制造喷气式发动机和燃气涡轮机的零件，如涡轮片等，它们不仅可以提高发动机的工作温度，还可以减少喷气式发动机和燃气涡轮机对空气的污染。

CHAPTER

7

能量、动力与电子仿生

迄今为止，人们在开发新能源、提高能源转化率等方面已取得了不少成就，但与生物界的利用相比则又显得渺小了。生物体内进行的光能、电能、化学能等各种能量间的转换，其效率之高为人类所远远不及，如萤火虫通过自身荧光素和荧光素酶的作用，发光率高达100%。类似的情况在动力和电子等领域同样存在，如何模拟生物高效的技能已成为科学家们的重要课题。

转换能量的高手

提起能源，人们会马上想到煤炭、石油等。其实，生物自身也可以产生能量，还能够把一种能转换成另一种能，而且转换效率很高。

为了说明这个问题，我们用磨面这件事作例子：磨面机是由电动机带动的，电是从发电厂送来的，发电机是蒸汽推动的，蒸汽是锅炉里产生的，而锅炉是用煤作燃料的。这个过程就是能量转换过程。在这个过程中，煤的化学能量经过了 3 次转换，每一次转换，都要损失一些能量，转换效率大约是 40%。

人力也能磨面，不过人的能源物质不是煤而是食物。人吃了食物，经过酶的消化作用，食物变成葡萄糖、氨基酸等，再经过氧化作用，变成一种可以产生能量和储存能量的物质——ATP（腺苷三磷酸）。人想推动磨盘了，ATP 就放出能量使肌肉收缩，牵引肌腱去推动磨盘。从这个过程中，我们可以看到：人体把食物的化学能转换成机械能，一次就完成了，转换效率比较高，大约是 80%。

生物转换能量的高效率，引起了科学家们的兴趣，他们模仿人体肌肉的

拓展阅读

人工肌肉

人工肌肉是指受外界刺激（光、电、热等）发生可逆响应形变的智能材料和系统。能将环境刺激变化信息输入使响应性聚合材料产生形状和性能非线性变化，将化学能或物理能转变为机械能，导致聚合物形成制动功能聚合物材料。分为电子型人工肌肉和离子型人工肌肉。

功能，用聚丙烯酸聚合物拷贝成了人工肌肉。这种人工肌肉也能把化学能直接转换成机械能，再配合一定的机械装置，就能提取重物。据实验，1厘米宽的人工肌肉带能提起100千克重的物体，这比举重运动员的肌肉还要结实有力。

常见的白炽灯是热光源，灯丝一般要烧到极高的温度才会发光，这样90%的电能变成热能而白白浪费了，用于发光的电能只占10%。荧光灯要好一些，但转换效率也不超过25%。人们要想提高发光效率，还得向生物学习。

萤火虫的发光效率就比白炽灯高好几倍。在萤火虫的腹部有几千个发光细胞，其中含有两种物质：荧光素和荧光素酶。前者是发光物质，后者是催化剂。在荧光素酶的作用下，荧光素与氧气化合，发出短暂的荧光，变成氧化荧光素。这种氧化荧光素在萤火虫体内的ATP的作用下，又能重新变成荧光素，重新发光。

萤火虫在发光过程中产生的热极少，绝大部分的化学能直接变成了光能，所以它的发光效率非常高。荧火虫发的光是一种冷光源，这种冷光源也引起了科学家们的兴趣。他们想办法人工合成荧光素和荧光素酶。实验成功并且大批生产以后，人们把这种冷光源用在矿井里和水下工地上。

"发电"鱼与电池

某远洋作业船队在海洋中排除水下故障时，检修员遇到了这样一种奇怪的情况：刚刚潜到水下，无意间触碰到了什么东西，突然四肢麻木、浑身战栗。当地渔民告诉他们，这是栖居在海洋底部的一种软骨鱼——电鳐在作怪。

过了不久，他们用拖网捕到了一条电鳐。它有60厘米长，扁平的身子，头和胸部连在一起，拖着一条棒槌状的尾巴，看上去很像一把大蒲扇。因为吃过它的亏，工作人员们眼巴巴地瞅着它，想不出用什么法子来对付它。随船的当地渔民却毫不在意，伸手把它从网上弄下来，丢在甲板上。原来，由于其落网时连续放电，这个"活的发电机"此时已经精疲力竭了。

其实，放电的本能并不只是电鳐才有。目前已发现有几百种鱼，其体内都装有"发电机"，能够放出电流。一条大的电鳐，每秒钟能放电百余次，有时放出的电压高达220伏。每条非洲电鲇能产生350伏的电压，可以击死小鱼，还能将渔民击昏。南美洲的电鳗更是电鱼中发电功率最高的一种，能发出高达800多伏的电。

这些鱼为什么能放电呢？

原来，它们身体内部有一种奇特的放电器官，可以在身体外面产生很高的电压。这种器官，有的起源于鳃肌或尾肌，有的起源于眼肌或腺体。各种鱼放电器官的位置、形状都不一样。电鳗的放电器官分

 广角镜

放出较弱电流的鱼

并不是所有的电鱼都能放出很强的电，海洋中还有一些能放出较弱电流的鱼，它们的放电器官很小，电压最大也只有几伏，不能击毙或击昏其他动物，但它们像精巧的水中雷达一样，可以用电来探索环境和寻找食物。

布在尾部脊椎两侧的肌肉中，呈棱形；电鳐的放电器官则排列在头胸部和腹部两侧，像两个扁平的肾脏，由许多蜂窝状的细胞组成。这些细胞排列成六角柱形，叫作"电板"。

电鳐的两个放电器官中，约有200万块"电板"。这些"电

板"浸润在细胞外胶质中，胶质可以起到绝缘作用。"电板"连着神经末梢的一面是正极，没有神经分布的一面是负极。电流的方向是从正极流到负极的，即由电鳐的背面流向腹面。在神经脉冲的作用下，这两个放电器官就能变神经能为电能，放出电来。单个"电板"产生的电压很微弱，但由于"电板"很多，所以产生的电压就很高了。各种电鳐的放电能力是不同的，最大的个体放电在220伏左右，功率达 3 000 瓦，所以它们能够击毙水中的游鱼和虾类作为自己的食物。同时，放电也正是它们逃避敌害、保护自己的一种方式。

随着现代科学技术的不断发展，在研究电鱼的过程中，我们得到了不少新的启示。

企鹅与极地越野汽车

陆地的交通工具，除了气垫车和磁悬浮列车以外，其他各种车辆都离不开一个关键部件——轮子。在雪地和沙漠地带，因为摩擦力太小，车轮只能不停地空转，车辆很难前进。

可是，在终年积雪的南极，常常可见蹒跚而行的企鹅，在紧急情况下它们还能在雪地上飞驰。企鹅之所以能快速滑行，是因为它们有一套特殊的运动方式：把肚皮贴在雪地上，并快速蹬双脚。人们由此得到启示，制成了极地越野汽车。

蚂蚁与人造肌肉发动机

蚂蚁是小动物，可是它有很大的力气。如果你称一下蚂蚁的体重和它所搬运物体的重量，你就会感到十分惊讶：它所举起的重量，竟超过它的体重差不多 100 倍。这个"大力士"的力量是从哪里来的呢？

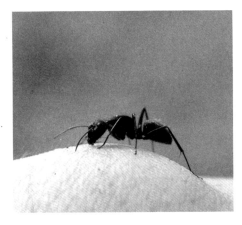

蚂　蚁

看来，这似乎是一个有趣的"谜"。科学家进行了大量实验研究后，终于揭穿了这个"谜"。原来，蚂蚁脚爪里的肌肉是一个效率非常高的"原动机"，比航空发动机的效率还要高好几倍，因此能产生这么大的力量。我们知道，任何一台发动机都需要有一定的燃料，如汽油、柴油、煤油等。但是，供给蚂蚁"肌肉发动机"的是一种特殊的"燃料"。这种"燃料"并不能燃烧，却同样能够把潜藏的能量释放出来转变为机械能。不燃烧也就没有热损失，效率自然就大大提高。化学家们已经知道了这种特殊"燃料"的成分，它是一种十分复杂的磷的化合物。

这就是说，在蚂蚁的脚爪里，藏有几十亿台"小电动机"作为动力。这个发现激起了科学家们的一个强烈愿望——制造类似的人造肌肉发动机。

现在我们用的起重机一般也是靠电动机工作的，但是做功的效率比起蚂蚁来可差远了。为什么呢？因为火力发电要靠烧煤，使水变成蒸汽，蒸汽推动叶轮，带动发电机发电。这中间经过了将化学能变为热能、热能变成机械能、机械能变成电能这几个过程。在这些过程中，燃烧所产生的热能，有一部分白白地散

你知道吗？

白蚁不是蚂蚁

白蚁虽然像蚂蚁，并且都被称为"蚁"，但它不是蚂蚁，白蚁在生理结构上和蚂蚁有很大的差别，白蚁属于等翅目昆虫，蚂蚁属于膜翅目昆虫。白蚁被称为"没牙的老虎"，主要吃木头和木质纤维，而蚂蚁既吃植物性食物，也吃动物性食物。

失了，有一部分因为要克服机械转动所产生的摩擦力而消耗掉了，所以这种发动机效率很低。而蚂蚁将肌肉里的特殊"燃料"直接变成电能，损耗很少，所以效率很高。

人们从蚂蚁的肌肉"发动机"中得到启发，制造出了一种能将化学能直接变成电能的燃料电池。这种电池利用燃料进行氧化还原反应来直接发电。它没有燃烧过程，所以效率很高。

长了眼睛的步枪

采用电子技术，模拟人和动物体对信息的接收、加工、利用以及对生命活动调节、控制的原理，改进现有电子设备的性能，或者创造新型电子系统，是电子仿生学的研究任务。电子仿生学最感兴趣的是人和动物的脑、神经系统与感觉器官。主要研究课题为人工智能、生物通讯、体内稳态调控、肢体运动控制、动物的定向与导航和人机关系等。

靶场上正在进行射击试验表演，使用的兵器是一支去掉了枪托的小口径步枪，架在类似于高射机枪的三脚枪架上，与圆形瞄准器并排的有一个圆筒形部件，这个部件上装有明亮的大口径透镜，活像一只直视前方的大眼睛。枪身上装着许多电子器件，一根粗电缆把枪身与旁边的一台电子仪器连接了起来。

打靶试验开始了。远处空中出现了一个移动着的圆形靶，奇怪的是没有人去操纵这支步枪，只有电子仪器上的红绿指示灯在闪闪发亮。待圆形靶移动到正前方时，枪身突然自己移动起来了。枪口紧紧地跟踪着目标。说时迟那时快，只听"啪"的一声，枪响靶落，弹中靶心。

这支自动跟踪目标、百发百中的枪叫作"蛙眼自动枪"。它是一支装有电子自动控制装置的枪，能够自动跟踪、瞄准、计算提前量和自动射击。因为它装有的那个外表像汽车灯的光电跟踪和瞄准系统是模仿蛙眼视觉原理制造的，所以，试验者给它起了"蛙眼自动枪"这个别致的名字。

布满"神经"的电脑

计算机在现代科学技术中发挥着举足轻重的作用。但是，离开了人，计算机就不能工作了。要使计算机工作，首先要由人帮助它确定算法、编制程序，因为计算机只不过是机械地按照人所严格规定的程序进行工作。对于计算机结果的分析，也要由人去完成。在由计算机组成的现代控制系统里，人仍然起着主导作用，这是因为人体具有世界上最完美的天然计算机——大脑。

人脑具有独特的思维活动和记忆能力，在分析问题时能够进行联想和推理，即使遇到意外的情况也能随机应变，根据具体情况随时决定所应采取的行动，这些都远远超过现代计算机。不难看出，深入研究大脑思维与记忆的生理过程，我们就有可能用它的原理去制

电 脑

造性能优异、能模拟人的复杂神经活动的仿生电子计算机。

模拟大脑的工作，首先要从模拟大脑的组成元件——神经元（神经细胞）入手。神经元可以完成复杂的工作，但其结构却十分精巧。神经元之间有着复杂的交错联系，构成了神经网络。神经网络的存在，可使许多神经元完成同一种工作，因而在损失了相当一部分神经元之后，大脑仍能正常工作。而一台计算机，当其任何一个部件，特别是一个关键元件损坏时，就会停止工作。由此可见，尽管单个神经元的可靠性比晶体管等电子元件要差，但由神经元组成的神经网络所构成的系统却比人造技术系统可靠得多。这一点为人们提高电子系统的可靠性，提供了有益的启示。

模仿神经元的工作原理，人们已经研制出了多种"电子神经元"。电子神经元具有较高的稳定性和可靠性，利用它们模拟大脑的功能，已制成一些特殊用途的电子仪器，如自动识别机、阅读机、语言分析器等。其中有一种飞行器控制系统，其主要部件是由250个电子神经元构成的大型网络。这是一种与计算机系统不同的新型控制系统，它能对各种事先未被编入程序的意外情况作出正确反应，可用于高性能飞机和宇宙飞船，其可靠性比通常的计算机系统高10倍。

从生物界找灵感的现代电子科学

生物科学和电子技术的发展，大大促进了仿生电子学的发展。人们在探索中发现，除了蛙眼，许多生物（包括人）的感觉器官都是机体从外界获得信息的接收器和预加工系统，它们各有独特的功能。感觉器官功能的奇妙、结构的精美，为人们改善技术系统的信息输入与传送装置，设计具有新原理的检测、跟踪、计算系统提供了十分有益的启示。例如，模仿苍蝇嗅觉器官的机能制成的灵敏度极高的小型电子气体分析仪，已经用于分析宇宙飞船座舱的气体成分；模拟人听觉器官制成的电子耳，可以用来改进一种通信系统的性能，把600个电话通道压缩成为一个通道。

人们还发现，蝙蝠能够同时探测几个目标，又能分辨每个目标的性质；几万只蝙蝠同住一个岩洞，都使用超声波，却互不干扰。这些特点，引起了雷达设计师们的研究兴趣。生物雷达的工作原理，必定会为人类改进现有的声呐雷达系统的性能提供十分有益的启示。

现在，各类机器人正在走上工业生产岗位。当我们要研制能跑、能跳、能说、能看、有"思维"的智能机器人的时候，无论如何也离不开仿生电子学对人的思维、感觉和运动系统的研究和模拟。

科学技术的发展，创

拓展阅读

智能机器人

智能机器人具备形形色色的内部信息传感器和外部信息传感器。除具有感受器外，它还有效应器，作为作用于周围环境的手段。

造了自动控制设备。但是，世界上最早的自动控制系统却存在于人和动物体内。靠着这些控制系统，人和动物的体温、血压、脉搏、血液成分都维持着一个动态平衡。深入研究体内稳态调控系统的机能原理，将可以为仿生电子学提供一条发展自动控制技术的新途径。

蛙眼与电子模型

蛙眼是十分敏锐的，对运动物体简直是"明察秋毫"。然而，对静止不动的物体它却"视而不见"，似乎变得"眼大无神"了。这并不是它的缺陷，而是其视觉机能的独到之处，是它适应其特定生活环境所形成的一套特殊本领。正是靠着这双眼睛，青蛙才能准确地捕食和逃避敌害，才得以在地球上生存了两亿多年。

根据蛙眼的视觉原理，借助于电子技术，人们制成了多种"蛙眼电子模型"。其中，最简单的是"昆虫检测器"模型。蛙眼电子模型还可以像真蛙眼那样，准确无误地识别出特定形状的物体。这种图像识别能力是雷达系统所需要的。雷达工作时，往往受到各种干扰，使显示屏上的影像模糊。依据蛙眼分别抽取图像特征的工作原理而改进的雷达系统，能够在显示屏上清晰地从强背景噪声中区分出目标来，因而提高了雷达的抗干扰能力。这种雷达系统也能快速而准确地识别出具有特定形状的飞机、舰船、导弹等，特别是能够根据导弹的飞行特性，将真假导弹区分开来，从而不被作为诱饵的假导弹所迷惑。它还可以有效地把预定要搜索的目标与其他物体分开，特别是把目标与背景分开。

模仿蛙眼的工作原理，人们还制成了另一种"电子蛙眼图像识别机"，成为机场飞行调度员的出色助手。这种装置可以监视飞机的起飞与降落、班机是否按时到达等。若发现飞机将要发生碰撞，能及时发出警报，防止相撞。现在，已投入使用的一种人造卫星"自反差跟踪系统"，就是模仿蛙眼的工作原理制造出来的。

CHAPTER

8

机械仿生

机械仿生是模仿生物的形态、结构和控制原理设计制造出功能更集中、效率更高并具有生物特征的科学手法。例如，通过对生物电流的悉心研究，人类成功研制出人造假手，这种假手已能够做出诸如转动肩膀及手臂、弯曲关节等动作了。此外，研究生物电流，对农业生产也具有十分重要的意义。

从人造假手谈起

在一次自动控制技术的会议上，当一个没有手的 15 岁男孩用假手在黑板上用粉笔写下"向会议的参加者致敬"的时候，大厅里顿时响起了雷鸣般的掌声。人们赞叹不已，不断地向这种新颖控制技术的创造者表示热烈的祝贺。

创造者是怎样使假手能像真手一样工作的呢？这就是我们要介绍的生物电。

早在 18 世纪末，人们对生物机体内的生物电流就已经有所认识。因为生物体内不同的生命活动能产生不同形式的生物电，如人体心脏的跳动、肌肉的收缩、大脑的思维等，所以人们就可以借助生物电来诊断各种疾病。

拓展阅读

人体内的生物电流

生物电流在人体内无处不在：触动神经感觉的是电流，传达大脑指令的是电流，心脏跳动的动力是电流，胃肠蠕动的动力也是电流。这些电流在体内遵循着一定的规律，分别承担着不同的使命，互不相扰，各司其职。

生物电的应用十分广泛。人双手的一切动作都是由大脑发出的指令（即电信号）经过成千上万条神经纤维，传递给手中相应部位的肌肉所引起的一种反应。如果我们把大脑指令传到肌肉中的生物电引出来，并把这种微弱的信号加以放大，那么，这种电信号就可以直接去操纵由机械、电气等部件组成的假手了。

国外有人制造了一种假手，从肩膀到肘关节，使用了 5 只油压马达，手掌及手指的动作使用了 2 只电动马达。手臂在做出动作之前，利用上半身的各肌肉电流来作为假手活动的指令。即在背脊及胸口安放相应的电极，用微型信号机来处理那里产生的电流信息，7只马达就能根据想要做的动作进行运转。这种假手的动作与真手臂大致相同，由于主要部分材料采用了硬铝及塑料，故其重量还不到2.63千克。据报道，这种假手已能够做出诸如转动肩膀及手臂、弯曲关节等动作了。它能为由于交通及工伤事故而失去手臂的残疾人解决生活和工作上的许多不便。国内在研究生物电控制假手方面，上海某假肢厂的工人和上海某生理研究所的科技人员，经过共同的努力，已经制造了一种重约1.5千克，握力达1千克，可以提10千克的人造假手。其工作的动力是由11节镍镉电池提供的。

生物电经过放大之后，可以用导线或无线电波传送到非常遥远的地方去。显然，这对于扩大人类的生产实践，将会产生影响。到那时，人们将可以命令假手到万米深的海底去作业，或到高温炉里、矿井里去操作。

研究生物电，对于农业生产也具有很重要的意义。我们常常见到的向日葵，它们的花朵能随着太阳的东升西落而运动；含羞草的叶子经不起侵扰，一碰就会闭合。这些植物界中的自然现象，都是因为生物电在起作用。

植物中的生物电，究竟是怎样产生的呢？有人曾做过如下的实验：在空气中，将一个电极放在一株植物的叶子上，另一个电极放在植物的基部，结果发现两个电极之间能产生30毫伏左右的电位差。当将同样的一株植物放在密封的真空中时，由于植物在真空中被迫停止生命活动，所以植物基部和叶片之间的电压也就消失了。这个实验有力地证明，生物的生命活动，是产生生物电的根源。

仿生机械学及其研究动向

如果把传统的机械称为一般机械的话，仿生机械应该是指添加有人类智能的一类机械。在物理和机械机能方面，一般机械要比人类的能力强许多，但在智能方面却比人类要差得多。因此，若把人、机结合起来，就有可能使一般机械进化为仿生机械。从这一角度出发，我们可以认为仿生机械应该是既具有像生物的器官一样精密的条件，又具有优异的智能系统的一种机械，可以进行巧妙的控制，执行复杂的动作。

仿生机械学是以力学或机械学作为基础的，是综合生物学、医学及工程学的一门边缘学科。它既把工程技术应用于医学、生物学，又把医学、生物学的知识应用于工程技术。它包含着对生物现象进行力学研究，对生物的运动、动作进行工程分析，并把这些成果根据社会的要求实用化。

从习惯上说，可把仿生机械学的各个研究动向归纳如下：

（1）生物材料力学和机械力学

以骨或软组织（肌肉、皮肤等）作为对象，通过模型实验方法，测定其应力、变形特性，求出力的分布规律。还可根据骨骼、肌肉系统力学的研究，对骨和肌肉的相互作

拓展阅读

跳跃机

汽车在沙漠上行驶时会异常困难，但羚羊和袋鼠却是如鱼得水。它们依靠其强有力的后肢在沙漠上跳跃前进，因此人们据此研制出一种"跳跃机"，在坎坷不平的田野或沙漠地区均可通行无阻。它没有轮子，靠四条腿有节奏的相互协调的起落来前进。

用等进行分析。

另外，对生物的形态研究也是一大热门。因为生物的形态经过亿万年的变化，往往已形成最佳结构，如人体骨骼系统具有最少材料、最大强度的构造形态。人们可以通过最优论的观点来学习模拟建造工程结构系统。

（2）生物流体力学

其研究主要涉及生物的循环系统。而关于血液动力学等的研究已有很长的历史，但仍有许许多多的问题尚未解决，特别是因为对它的研究与心血管疾病关系十分密切，所以它已成为一门备受关注的学科。

（3）生物运动学

生物的运动十分复杂，因为它与骨骼和肌肉的力学现象、感觉反馈及中枢控制牵连在一起。虽然各种生物的运动或人体各种器官的运动测定与分析都是重要的基础研究，但在仿生机械学中，特别重视人体上肢运动及步行姿态的测定与分析，因为人体上肢运动机能非常复杂，而下肢运动分析对动力学研究十分有用。这对康复工程的研究也有很大的帮助。

（4）生物运动能量学

生物的形态是最优的，同样，节约能量消耗量也是生物的基本原理。从运动能量消耗最优的角度对生物体的运动形态、结构和功能等进行分析、研究，特别是对有关能量的传递与变换的研究，是很有意义的。

（5）康复工程学

康复工程包括如动力假肢、电动轮椅等。它涉及许多学科和技术，比如对于动力假肢，只有在解决了材料、能源、控制方式、信号反馈与精密机械等各种问题之后才能完成，而且还要将这些装置作为一种人机系统进行评价、试用，走向实用化的道路是非常艰难和曲折的。

（6）机器人的工程学

它是把生物学的知识应用于工程领域的典型范例，其优点包括：一是省力；二是在宇宙、海洋、原子能生产、灾害现场等异常环境中能帮助和代替人类进行作业。机器人不仅要有具备移动功能的人造手足，而且还要有感觉反馈功能及人工智能。

生物形态与工程结构

经过了亿万年的进化，生物的形态已达到最优。在形形色色的生物结构中，有许多巧妙利用力学原理的实例，让我们从静力学的角度出发，来观察一下生物形体结构对人类工程设计产生的影响。

自然界中有许多高大的树木，其挺直的树干不但支撑着树木本身的重量，而且还能抵抗大风及强烈的地震。这除了得益于它们的粗大树干外，还靠其庞大根系的支持。人们便模仿大树的形态来进行设计，把高楼大厦建立在牢固可靠的地基上。

植物的果实担负着延续种族的任务，亿万年的进化使其果实多呈圆形。圆的外形使它们可以在较小的空间中用最大的体积来贮存营养，同时使它们对外界的压力如风力等有较大的抵抗力。比如，花生、核桃等有着坚硬的外壳，可以保护里面相对娇嫩的果仁。同样，动物也具有对自然力的适应性，如蛋壳、乌龟壳和贝壳等，都巧妙利用了一定的力学原理来抵抗外力。如果你握住一个鸡蛋，即使加力挤压，也很难把它弄破。原来蛋壳的拱形结构与其表面的弹性膜一起构成了预应力结构，在工程上称其为薄壳结构。

自然界中巧妙的薄壳结构具有各种不同形状的弯曲表面，不仅外形美观，还能够承受相当大的压力。在建筑工程上，人们已广泛采用这种结构，如大楼的圆形屋顶、模仿贝类制造的商场顶盖等。

在动物界中，辛勤的蜜蜂被称为昆虫世界里的建筑工程师。它们用蜂蜡建造极规则的等边六角形蜂巢，无论从美观还是实用的角度来考虑，都是十分完美的。它不仅以最少的材料获得了最大的利用空间，而且还以单薄的结构获得了最大的强度。

在蜂巢的启发下，人们仿制出了建筑上用的蜂窝结构材料，具有重量轻、强度和刚度大、绝热和隔音性能良好的优点。同时，这一结构的应用，已远远超出建筑界，它已被应用于飞机的机翼、宇宙航天的火箭，甚至是我们日常的现代化生活家具中。

机械仿生

生物形态与运动

现代的各种交通工具，如汽车、飞机、舰船等，均需要一定的运行环境，若在崇山峻岭或沼泽中则无法运行。但自然界中有各种各样的动物，在长期残酷的生存斗争中，它们的运动器官和体形都进化得特别适合在某种恶劣环境中运动，并有着惊人的速度。

人类在水上航行的历史十分悠久，但活动能力却非常有限，远远不如人类在空中飞行和陆地上行走所取得的成就。许多鱼类的航速可轻而易举地超过目前世界上最先进的舰艇。这得益于大自然中无所不在的进化，是亿万年来鱼类为了适应水中生活，便于追逐食物和逃避敌害的进化结果。

首先，鱼类的航行速度得益于其理想的流线型体形。这种体形使得它们受到摩擦阻力和形状阻力的共同作用尽可能地减小。人们

139

还发现，鱼在水中运动时，由于尾部的摆动，产生一种弯曲波，使鱼的运动速度大为提高。另外，有些鱼的身体表面还附有一种黏液，这种黏液也能降低鱼在水中运动的摩擦阻力。

目前，有许多新型船按照鲸和海豚的体形轮廓及其身体各部比例建造，其航速大为提高。

随着对航空知识和飞行生物有关知识的不断了解，人们在长期的飞行实践中，对飞机的机身、机翼和发动机进行了不断的改进，并取得了较高水平。尽管如此，动物在万亿年的自然淘汰和进化过程中所掌握的飞行本领，仍值得人类学习和借鉴。

蝗 虫

现代飞机的起飞和降落都需要很长的跑道，但飞行动物均不需任何空地和跑道，能在刹那间腾空而起。比如，蝗虫是集跑、跳、飞于一体的"全能冠军"，有着异常灵活、机动的运动能力。虽然蝗虫给农作物带来巨大灾害，但单独研究其运动形态，则会给我们以很大的启迪。如果知道了蝗虫的运动奥秘，对目前飞机的改进将有很大的促进意义。

目前飞机的燃料消耗非常大，但鸟类在长途飞行中却能充分利用空气的

拓展阅读

沙漠蝗虫

沙漠蝗虫分布于非洲和亚洲中部与西南部，它们的破坏性极大，飞到哪里，哪里就会一片荒芜。当气候较湿润时，沙漠蝗虫就会孵化出它们的卵。小蝗虫互相撞击、互相摩擦，这种撞击和摩擦会促使个体释放出一种群聚的信息素。因此，它们开始聚集在一起飞行，于是蝗灾就产生了。

浮力，有时滑翔，有时振翅飞行，非常省力。

因此，对飞行生物飞行本领的研究还需要仿生学家作出进一步的努力，从它们身上可以发现一些尚未被人类掌握的空气动力学规律，这对于人们研制及改进飞机，是非常有益的。

动物前爪的启示

树懒的两只弯爪能牢牢地钩住树枝，不仅睡觉时不会坠落，就连它死后也能牢牢地挂在树上，这是因为它能依靠自身的重力使弯爪越钩越紧。树懒的弯爪结构为设计起重机的挂钩提供了很好的模型。

树 懒

食蚁兽的前爪可以轻易地刨开坚硬的地面，模仿食蚁兽的前爪制造出一种轻便的耕作机，肯定会大受农民的欢迎。穿山甲、鼹鼠都是打洞的好手，根据它们的打洞方式去设计制造新型打洞机械，人们开掘隧道、采矿、挖煤将变得轻而易举。

趣味点击

懒得出奇的树懒

树懒是一种懒得出奇的哺乳动物，什么事都懒得做，甚至懒得去吃，懒得去玩耍，能耐饥一个月以上，非得活动不可时，动作也极其迟缓。就连被追赶、捕捉时，也好像若无其事似的，慢吞吞地爬行。

趣味点击

食蚁兽的舌头

一只食蚁兽的舌头能惊人地伸到约60厘米长，并能以一分钟150次的频率伸缩。它的舌头上遍布小刺并有大量的黏液，蚂蚁被粘住后将无法逃脱。

人体肌肉的启示

科学家们对人的肌肉运动进行研究后发现，人的肌肉是最简单的生物机械装置。

人的肌肉占了人体重量的40%左右，是一台没有齿轮、活塞和杠杆的神奇"发动机"。它具有惊人的动力，能提起比它自身重许多倍的重物。任何现代机器都由动力设备（内燃机、电动机等）和工作机械两部分所组成。然而在人的肌肉里，这两者却是合为一体的。人造机器结构复杂，高速运转，磨损和维修是个大问题，因此是"短命"的机器。而人的肌肉则是能进行自我维修的机器，是"长寿"的机器。

科学家们最感兴趣的是肌肉在把化学能转变成机械能时只需一步：在神经信号的刺激下，肌肉直接把食物的能量转变为机械动力，牵引肌腱而使人运动。在这个过程中，肌肉是把食物的化学能直接变成了机械能，效率高达80%。而人造机器则必须先把燃料的能量变成热能或电能，然后再转换为机械能，产生运动。显然，能量的转换每增加一个步骤，就必定要损失掉一部分，从而降低了机械的效率。涡轮机是一种高效率的热机，但它的效率只有40%。

人们模仿人的肌肉的这种优异特性，用聚丙烯酸等聚合物，制成了人工肌肉，把它放在不同的介质（碱、酸等）之中，便会有效地收缩或者松弛。这种可以直接把化学能转变成机械能的机器，我们把它叫作"机械—化学机"。如再配合一定的机械装置，它就能提起重物，或者实现机件的往返运动。

人们模仿肌肉的工作原理，用包在纤维编织成的套筒里的橡胶管，或用含有纵向排列的纤维（钢丝、尼龙丝等）的橡胶管，制成了"类肌肉装置"。它可以带动残疾人的假肢，也能开动其他机器。此外，人们还制成了一种"肌飞器"——扑翼机，并且模仿人的膝关节和肌肉系统制成了"液压运动模型"，使机器人能像真人那样行走。

人体的大多数肌肉都是以颉颃肌的形式成对地排列的：一束肌肉生长在牵引肢体向上运动的位置，而另一束肌肉则生长在牵引肢体向下运动的位置。例如，在身体前侧向下拉的那些肌肉阻止身体后仰，而在身体后侧向下拉的那些肌肉则阻止身体前倾，这种成对排列的肌肉组成了保持人体直立的颉颃肌。

研究表明，生物界中的这种用两个产生拉力的单向力装置组成的双向运动机械系统，远比工程技术上惯用的用一个推拉双向力装置组成的系统优越得多。只要在成对的颉颃肌上施加不同的张力，就能使人和动物体的骨架（机械杠杆）在任何位置保持稳定。颉颃肌杠杆能够承受从最轻到最重的各种压力。

对颉颃肌进行模拟，可以圆满解决各种机器人、步行机等的行走机构的设计。例如，人们研制了一种步行机，它有强有力的手臂和两条长腿，能越野行走、搬运重物。这种步行机腿长 3.6 米，能走斜坡、转弯、横向跨步和跨越障碍，步行速度每小时可达 56 千米。操作人员做出一定的动作，步行机就跟着做出近似的动作。

根据肌肉和关节活动原理，科学家们研制出了一种用于森林和农田除草的机器昆虫。它有6条腿，每条腿都有压缩空气驱动，可以跨越1.8米高的障碍物。它还可以分辨出树木和杂草。随着科技的发展和科学家们研究的深入，必定会有更多的意想不到的奇异的机器出现，它们将使我们的世界更加丰富多彩。

龙虾与天文望远镜

龙虾不仅是人们的食物，还给了人类一个非常有益的启示。

生物学家们在研究龙虾时发现，它的眼睛与众不同。龙虾的眼睛由许多极细的能反射光的细管组成，这些细管整齐地排列，形成一个球面。当外来光接触到这个球面时，相应的细管就会感知这些光，并会产生反射。这样，在很远的地方，龙虾就可发现它们的敌人，从而使自己能够及早逃避，保全自己的性命。

龙　虾

基本小知识

龙　虾

龙虾，又名大虾、龙头虾、虾魁、海虾等。它的头胸部较粗大，外壳坚硬，色彩斑斓，腹部短小，体长一般为20～40厘米，重0.5～2千克，是虾类中最大的一类。龙虾主要分布于热带海域，是名贵海产品。

根据龙虾眼睛的这种结构特点，美国的科研人员研制出了一种天文望远镜，使观测范围大大增加。

以往使用的 X 射线天文望远镜采用的是类似人类眼球构造的结构，它的探测范围比较小，不适合大范围的天空探测，容易遗漏宇宙中突发的 X 射线变化，使人们失掉探测宇宙的许多宝贵信息，给天文研究工作造成难以预料的损失。

X 射线天文望远镜是由大量内壁光滑的细管组成的。这些细管整齐地排列成一个球形表面，当 X 射线到达这一球形表面时，就会射入相应的细管中，并在细管中产生反射现象，根据反射状况就可探测出 X 射线的方向、波长和强度。这种天文望远镜可以探测到天空 20% 的范围，大大提高了 X 射线探测的效率。

尺蠖与坦克

尺蛾的幼虫叫尺蠖（huò），尺蠖行动时身体一屈一伸的。人们模仿它的行走方式，制造出了一种带有行走功能的轻型坦克。这种坦克能够越过较大的障碍物，当它隐蔽在掩体里时，能升起炮塔射击，射击后再隐蔽起来。这种坦克的通行能力比以前的坦克提高了许多。

设计人员还模仿双壳贝壳

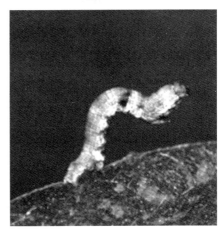

尺　蠖

的构造，设计了具有较好流线型的炮塔，并大大降低了坦克高度。

这种坦克内的武器装备排列得十分紧密，这是模仿软体动物的消化器官排列的。像软体动物吃食物那样，炮弹从弹药盒进入炮塔，而后沿类似于食道的送弹槽被送到类似于胃的炮的后部，周围的类似于消化腺的药室则可收集和排出射击时产生的火药气体。在像贝壳的顶盖下面，有 2 个供坦克乘员半躺的坐椅。这一方案是为解决现代坦克的重要设计问题的一种卓有成效的尝试。

鸟与戈

大家对电视剧或电影中的古代战争场面比较熟悉吧！万马奔腾、狼烟滚滚，士兵们高举戈、矛，奋声呐喊，跟随主将出击。

戈是古代一种非常重要的兵器，也是最早的进攻性武器。据说，戈是我们聪明的祖先受到鸟嘴和兽角的启发而制造出来的。

啄木鸟尖尖的嘴巴是那样的锋利，可以啄穿树木；秃鹰铁钩子一样的嘴巴可以致敌人死亡；犀牛的独角让兽中之王感到害怕；斗鸡在战斗中可将对

戈

拓展阅读

犀 牛

犀牛是哺乳类犀科的总称，主要分布于非洲和东南亚，是最大的奇蹄目动物。所有的犀牛基本上是腿短、身体粗壮，皮厚粗糙，毛被稀少而硬，头部有实心的独角或双角（有的雌性无角）。

手啄得鲜血淋漓……鸟嘴和兽角保护了它们自身，是它们生存的必不可少的工具。

在石器时代，我们的祖先过着群居生活，靠打猎为生。刚开始的时候，他们围住野兽，用石块和木棒攻击野兽。但是，如果遇到巨大和凶猛的野兽，石块和木棒往往不能制伏它们。祖先们发现，禽兽们常用嘴、角进行攻击和防御，因而受到启发，开始将兽角绑在木棒上，制成武器，这就是戈的雏形。后来，他们又用石头做成禽兽嘴或角的样子来制造戈。原始的戈虽然很粗糙，使用也不方便，但却体现了兵器制造较为先进的仿生工艺，是中国古人的一大贡献。

蜘蛛仿生车

蜘蛛网一经触动，哪怕是极轻微的震动，蜘蛛腿上特别灵敏的振动传感器立即就感受到了，稳坐蜘蛛网中央的蜘蛛，便会飞奔过去，把昆虫逮住，美餐一顿。

科学家现已探明，蜘蛛的腿部根本没有肌肉，甚至连肌肉纤维也没有。最令人惊奇的是它的跳跃不是靠肌肉，而是依靠压向大腿的体液来提供动力的。蜘蛛的腿竟是一种独特的液压传动机构，在这个装置中的液体就是血液。进一步研究证明，蜘蛛依靠这种装置，能够把血压迅速升高，使软的脚爪变硬。也正是依靠这种液压传动机构，蜘蛛才能成为优秀的"跳高运动员"，能跳到 10 倍于身高的高度。

受蜘蛛腿的启发，加拿大多伦多舞蹈学校教师高登·道顿发明了一种奇特的仿生车。这种车采用铝和玻璃纤维作材料，由液压装置驱动。使用时，只要对后端和膝盖处的两个活塞中的任何一个施加压力，就可以驱动电动机使液体压入另一个活塞：如果朝后倾斜，液体就涌入较低的活塞，从而使膝盖伸展开；如果向前倾，则会使膝盖弯曲。使用者虽然仅仅依靠上肢来操作仿生车，但看起来就像是在用下肢的小腿移动。

这种蜘蛛仿生车相对于轮椅来说，能给残疾者更大的活动范围。使用者坐姿很低，可以用手来推行。一位每周使用 1 小时的患者说："它有点像滑冰板，不同的是你是坐在上面的。"有关专家认为，这种车有助于截瘫者生长肌肉，促进血液循环。

蜘蛛机器人

擦拭、清洗玻璃可谓司空见惯的生活小事。然而，伴随着现代化的发展，大批高耸入云的建筑拔地而起，封闭式摩天大楼的玻璃清洗问题便日益凸显。清洗摩天大楼的玻璃颇费功时不说，单是其危险程度便不免使人望而却步了。

美国一家公司推出了一种"蜘蛛人"装置，其外形与蜘蛛相仿，有 6 条腿，能在大楼外自由行走，从容跨越，更令人惊叹的是，这种"蜘蛛人"竟能按指令完成 2 万个动作，刮、铲、冲、洗，无所不能。

机器人不光在上述民用领域里大显身手，而且还广泛应用于尖端科技的军事领域，成为战场上冲锋陷阵、刀枪不入的"钢

拓展阅读

"Ecci"机器人

"Ecci"机器人是全世界首个拥有肌肉和骨骼系统的机器人，它有先进的大脑，能够纠正自己的错误。

铁士兵"。美国一家公司对蜘蛛式 6 腿机器人进行了多年的研究。这种机器人的上部是一个圆球玻璃罩，里面装有摄像机和各种传感器；下部为 6 条细长的有关节的腿，整个机器人的形状酷似一只 6 腿蜘蛛。其腿部可自由地伸直和弯曲，可在平地行走，也可在普通履带车和轮式车无法行驶的地方行走，还可以攀登楼梯或斜坡。上部的传感器可接收各种信息，操作人员通过无线电控制它的行动。

麦秆与自行车

许多国家先后制成了许多式样别致的自行车。例如，有的用轻金属制成折叠式的轻便自行车，车重只有几千克，不用时，折叠起来放进旅行袋里；有的还能变速，多的有 10 个变速档，适合在各种道路上骑行；还有的用塑料制成，既轻便，又不生锈，还消除了金属摩擦而产生的噪音，很受人们的欢迎。

但不管哪种自行车，车架都是用很薄的空心管做成的。车架是自行车的骨骼，因此要求有足够的强度。人们从大自然中的麦秆那里受到了启发。一根细长的麦秆，能够支持住比它重几倍的麦穗，奥妙就在于它是空心的。

原来，任何一块材料遇到外力发生变形的时候，总是一边受到挤压力，另一边受到拉伸力，而材料中心线

折叠自行车

附近长度基本不变。这就是说，离开中心线越远，材料受力越大。空心管的材料几乎都集中在离中心线很远的边壁上，因此，它比一根同样重的实心棍的刚度要大得多。